最强大脑之忆菲冲天

记忆让一切更有价值

卢菲菲　刘苏　著

电子工业出版社
Publishing House of Electronics Industry
北京·BEIJING

内 容 简 介

本书并不是一本娱乐化的大众记忆书籍，目的是通过系统化地指导帮助记忆力差或想提升记忆力的小伙伴打造一个快速、高效的大脑。在未来学习的道路上，如果能够让本书与你结伴而行，那么你一定能够遇到一个更强大、更美好的自己！

本书分为三部分，第一部分为"孵化期"，主要讲解了大脑的记忆原理，是非常核心的高效记忆心法；第二部分为"成长期"，主要分享了"菲常记忆"的 4 大记忆方法及思维导图，每种方法都详细介绍了使用技巧、步骤及擅长记忆的类别；第三部分是"蜕变期"，主要教授如何把前面的记忆方法实际运用于现实生活中，如语文学科实操记忆，以及如何快速记忆人名、面孔等。

本书适合所有想提升记忆力和学习力的人阅读，希望本书可以帮助大家有效提升记忆力，不仅仅停留在临时抱佛脚的记忆环节，而是真正地训练大脑，达到高效记忆的目的。

未经许可，不得以任何方式复制或抄袭本书之部分或全部内容。
版权所有，侵权必究。

图书在版编目（CIP）数据

最强大脑之忆菲冲天：记忆让一切更有价值 / 卢菲菲，刘苏著．—北京：电子工业出版社，2016.8
ISBN 978-7-121-29316-0

Ⅰ．①最… Ⅱ．①卢… ②刘… Ⅲ．①记忆术 Ⅳ．① B842.3

中国版本图书馆 CIP 数据核字 (2016) 第 155397 号

策划编辑：张　楠
责任编辑：张　楠
印　　刷：北京天宇星印刷厂
装　　订：北京天宇星印刷厂
出版发行：电子工业出版社
　　　　　北京市海淀区万寿路 173 信箱　邮编　100036
开　　本：720×1000　1/16　印张：10　字数：150 千字
版　　次：2016 年 8 月第 1 版
印　　次：2021 年 7 月第 23 次印刷
定　　价：49.00 元

凡所购买电子工业出版社图书有缺损问题，请向购买书店调换。若书店售缺，请与本社发行部联系，联系及邮购电话：(010) 88254888，88258888。
质量投诉请发邮件至 zlts@phei.com.cn，盗版侵权举报请发邮件至 dbqq@phei.com.cn。
本书咨询联系方式：(010) 88254579。

自 序

　　本书并不是一本娱乐化的大众记忆书籍，它的目的是通过系统化地指导帮助记忆力差或想提升记忆力的小伙伴打造一个快速、高效的大脑。它的内容更像是一本大脑修炼手册，而不是几小时甚至几天就能读完的小说，你可以把它当成终身学习伴侣，在未来学习的道路上，如果能够让它与你结伴而行，那么你一定能遇到一个更强大、更美好的自己！

此书为谁而作

　　本书适合所有想提升记忆力和学习力的人阅读，从基础的记忆理论知识到系统的记忆方法，再到最后的实操记忆训练均有详细讲解，希望本书可以帮助大家有效提升记忆力，不仅仅停留在临时抱佛脚的记忆环节，而是真正地训练大脑，达到高效记忆的目的。

我眼中的记忆法

　　就我个人成长的过程和经验来看，我始终觉得记忆力是每个人出生后的"标配"技能。因为人要想成长就要不断地学习，而有效学习就需要好的记忆力，若记不住学过的知识，一切都将变得没有意义，所以若要改变就需要从提升记忆力开始。在我学习了记忆法后渐渐发现，它带给我的不仅仅是一种能力，更是一种勇气，让我敢于挑战一切未知；它是一种自信，让我相信原来自己也可以很优秀；它是一种改变，让我从内而外彻底地蜕变成长；它是一种美好，让我从内心深处体会到了生活的点滴美好。

　　记忆力于我而言仅仅是一个开始，我希望每一个有梦的人，从接触记忆法开始，都是梦想真正扬帆起航之时，无论路上有多少惊涛骇浪，我愿做你前行道路上的一盏明灯，为你拨开荆棘，一路相伴，不离不弃。

卢菲菲
2016 年 7 月

❶ 2011年卢菲菲荣获"世界记忆大师"称号
❷ 2012—2013年卢菲菲在全国高校巡回演讲
❸ 2014年卢菲菲成为《搜狐名师在线》特聘顾问
❹ 2014年卢菲菲成为优米网特聘记忆讲师，与创始人王利芬合影
❺ 2015年卢菲菲参加《最强大脑》第二季的录制，晋级中国战队
❻ 2016年卢菲菲获得天神娱乐百万级天使投资
❼ 2016年卢菲菲录制深圳卫视《合伙中国人》

1. 刘苏与八届世界记忆总冠军多米尼克
2. 刘苏与世界脑力锦标赛组委会主席托尼博赞
3. 受邀参加湖北广播电台节目
4. 刘苏与CCTV主持人方琼
5. 刘苏在全球脑王盛典中致词
6. 刘苏在中国记忆精英战队表彰大会上发言

本书的结构安排

　　第一部分为"孵化期"，主要讲解了大脑的记忆原理，是非常核心的高效记忆心法，其中提供了初学者的记忆测试，以及"菲常记忆"的正确学习流程图。

　　第二部分为"成长期"，主要分享了"菲常记忆"的4大记忆方法及思维导图，每种方法都详细介绍了使用技巧、步骤及擅长记忆的类别。可以说这部分属于"菲常记忆"体系中的武功心法，在每种方法的讲解后还配有专门的训练题，以供小伙伴对掌握的知识进行测试。掌握了这几种记忆方法后，便可轻松应对生活、工作、学习中的各种记忆问题了。

　　第三部分是"蜕变期"，主要教授如何把前面的记忆方法实际运用于现实生活中，如语文学科实操记忆，以及如何快速记忆人名、面孔等。

本书的阅读方式

　　首先测试一下自己的记忆力，弄清楚现阶段自身的记忆水平：

　　如果你是一个初学者，那么你需要详细阅读第一部分"孵化期"的内容，了解自身的记忆特点，若想详细掌握如何正确学习一种技能的话，里面"记忆的形成"一节必须详细阅读。如果想重拾自信，激发大脑的潜能，可以通过学习第二章"挑战记忆力"实现。如果你已经熟悉了大脑的记忆原理，那么第一部分"孵化期"可以粗略翻看。

　　如果想了解4大记忆方法以及思维导图的正确绘制方法，可以查看第二部分"成长期"，欲拥有超强的想象力，速记单选、多选、判断等知识信息，可以从"超级联想法"开始阅读。我在《最强大脑》节目中速记油画碎片时运用的是记忆宫殿法，对这部分内容感兴趣的小伙伴可以查看相应章节。

　　如果你有一定的记忆基础，可以直接翻看第三部分"蜕变期"，若遇到不清楚的地方可以查看第二部分"成长期"中的记忆方法，第三部分还专门针对古诗词、文言文及现代文的记忆方法进行详细剖析，记不住人名、面孔的小伙伴可以翻阅最后一个章节，让你瞬间变身社交达人。

目 录

第一阶段　孵化期

第一章　记忆大作战 / 2

第一节　记忆测试 / 3
　　一、1分钟词组测试（20分）/ 3
　　二、1分钟对应数字记忆中文词组（20分）/ 4
　　三、2分钟速记数字（40分）/ 4
　　四、2分钟速记人名和面孔（20分）/ 4

第二节　挑战记忆力 / 6
　　一、身体奥秘多：用身体定位桩速记词组 / 7
　　二、豪车来帮忙：用汽车定位桩速记词组 / 8
　　三、讲故事：用故事法速记词组 / 10
　　四、难度升级：数字转换 / 10

第三节　揭开记忆的面纱 / 13
　　一、大脑的奥秘：了解大脑 / 14
　　二、什么是记忆：让大脑更灵活 / 15
　　三、记忆的特点：左右脑的不同记忆角色扮演 / 17
　　四、记忆的四种材料：图像、声音、文字、数字 / 18
　　五、记忆的形成：识记、保持、再现 / 19
　　六、记忆的提取与遗忘：让你不再记了忘、忘了又记 / 23
　　七、记忆的类别：分清类别逐个击破 / 25
　　八、记忆的过程：剖析大脑存储原理 / 27

最强大脑之忆菲冲天

第二阶段　成长期

第二章　超级联想法 / 31

第一节　高效的思考与联想 / 32
　　一、汉字的演变 / 33
　　二、字词联想的方法 / 34
　　三、如何更好地联想 / 39
　　四、联想遵循的 4 个原则 / 40
　　五、四种联想配对方法 / 42

第二节　联想法——照相记忆 / 44
　　一、成语记忆：唉声叹气 / 45
　　二、名画记忆：清明上河图 / 45
　　三、古代科技记忆：灌溉技术 / 46
　　四、文学常识记忆：齐民要术 / 47
　　五、历史知识记忆：六朝古都 / 47

第三节　联想法——故事摄影记忆 / 48
　　一、用情景故事法速记词组 / 49
　　二、用逻辑故事法速记高尔基作品 / 50
　　三、用字头歌诀故事法速记东盟十国和历史朝代 / 51

第三章　绘图记忆法 / 56

第一节　图像记忆原理 / 57
　　一、形象转图像 / 59
　　二、抽象转图像 / 59

第二节　绘图记忆法的运用 / 61
　　一、名词解释：名词绘图新鲜出炉 / 61
　　二、中国省级城市速记：字头歌诀混搭绘图法 / 62
　　三、古诗词速记：借《登幽州台歌》小露一手 / 64

第三节　如何绘制简图 / 65

VIII

　　　　一、画图工具 / 65
　　　　二、画图步骤 / 65
　　　　三、出图攻略 / 65

第四章　数字记忆法 / 71

第一节　数字信息转换原理 / 72
第二节　数字编码表的运用 / 74
　　　　一、历史年代速记 / 74
　　　　二、地理知识速记 / 76
　　　　三、数字记忆购物清单 / 77
　　　　四、数字记忆车牌号码 / 79

第五章　记忆宫殿法 / 83

第一节　什么是记忆宫殿 / 84
第二节　如何打造大脑记忆宫殿 / 85
第三节　什么可以当记忆宫殿 / 87
　　　　一、用数字宫殿速记一百单八将 / 87
　　　　二、用身体宫殿速记十二星座 / 88
　　　　三、用汽车宫殿速记圆周率 / 90
第四节　如何创建自己的记忆宫殿 / 91
第五节　运用记忆宫殿法记忆的"三步曲" / 95

第六章　思维导图法 / 99

第一节　思维导图的起源 / 100
第二节　思维导图的应用 / 102
　　　　一、使用思维导图的公司 / 103
　　　　二、使用思维导图的部分名校 / 103
　　　　三、学生思维导图的应用 / 103
第三节　思维导图的制作前序——信息分类 / 104

第四节　训练一下收敛思维——归纳分类 / 106
第五节　如何提取关键词：用20%的关键词获取100%的信息 /107
第六节　思维导图的制作步骤 / 109
第七节　思维导图的制作技巧 / 111

第三阶段　蜕变期

第七章　语文学科实操记忆讲解 / 119

第一节　古文速记三大方法 / 120
第二节　用绘图法速记《春望》《凉州词》/ 121
第三节　用记忆宫殿法速记《满江红》/ 126
第四节　用思维导图法速记《夜雨寄北》/ 129
第五节　用绘图法速记《爱莲说》/ 130
第六节　用记忆宫殿法速记《弟子规》/ 133
第七节　用记忆宫殿法速记《桂林山水》/ 136

第八章　职场脸盲怎么破 / 140

第一节　速记人名面孔步骤 / 142
　一、整体感知 / 142
　二、留意特征 / 142
　三、姓名与面孔线索想象加工 / 142
第二节　速记人名面孔注意事项 / 145
　一、有意识的记忆 / 145
　二、听清楚对方的名字 / 145
　三、交谈过程中不断重复对方的名字 / 145

附　录　"菲常记忆"数字编码表 / 148

后　记　150

第一阶段

孵化期

第一章

记忆大作战

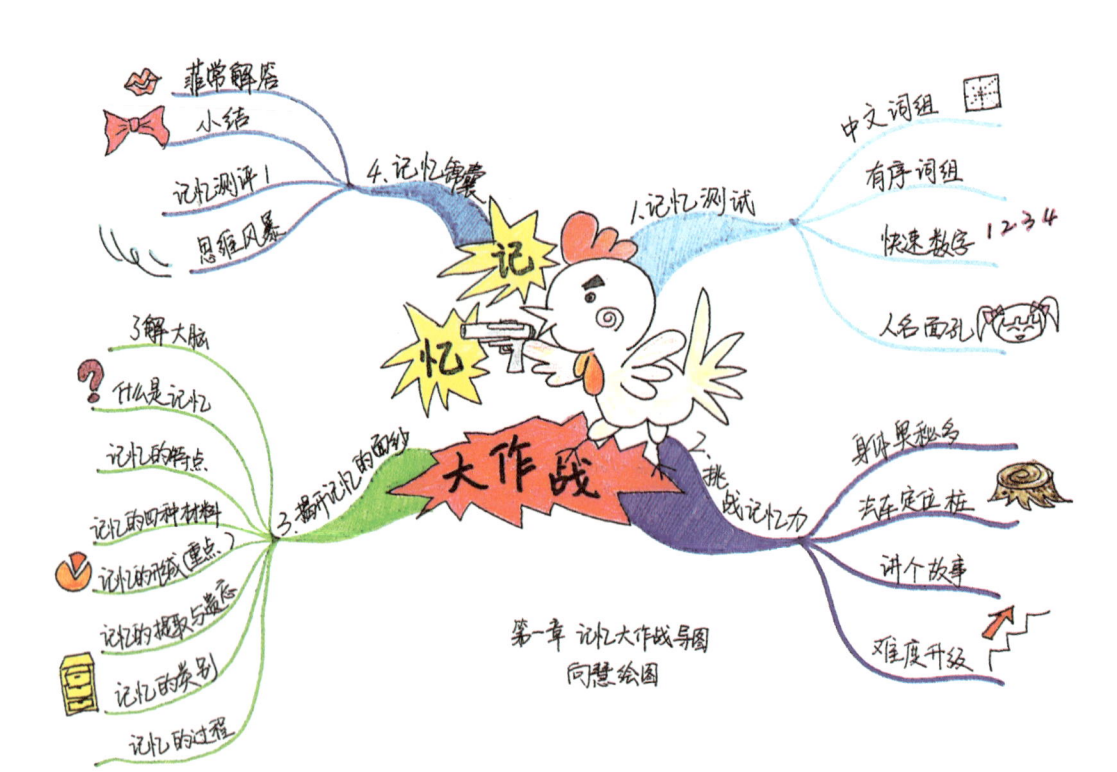

第一章 记忆大作战导图
向慧绘图

第一节 记忆测试

在正式开始提升记忆力前，让我们先来测试一下记忆力吧！看看现在自己的记忆力达到什么样的水平，学习完本书后，再做一个对比，你会发现自己也拥有天才般的大脑，"菲常"有趣哦！

这个测试由4个部分组成：词组、记忆清单、数字和人名面孔。用对应的时间完成下面的全部测试。看清楚题目，按照规定来记忆，不要畏惧，即使成绩不理想也不要紧，因为通过后面的训练学习，你会发现记忆能力得到了飞速提升，加油！

一 1分钟词组测试（20分）

章鱼　牡蛎　电玩　饮水机　电吹风　阳光　橘子　开心　键盘　盘子
警察　头发　记忆　布袋子　洗衣机　和谐　设计　苹果　老师　幸福

记忆小常识：中文词组记忆是世界脑力锦标赛中的一个比赛项目，其目的是训练对词语的快速处理出图能力。你可以把每一个词组想象成文章的中心关键词，如果把关键词全部记下来的话，那么回忆的时候就有了线索点，可以通过线索点回忆起整段文字，也就顺理成章地记忆整篇文章了，不管是现代文还是古文，都可以通过训练中文词组使记忆力得到快速的突破性提升。

二　1分钟对应数字记忆中文词组（20分）

1. 院子　2. 咖啡　3. 梳妆台　4. 点读机　5. 银行
6. 可乐　7. 橙子　8. 机器猫　9. 电脑　10. 开怀
11. 勤奋　12. 城市　13. 偶数　14. 说明　15. 被子
16. 窗户　17. 柳树　18. 孙悟空　19. 国际　20. 模特

运用数字方法记忆中文词组主要训练小伙伴定位记忆的能力，可为后期记忆长篇诗词文章打好基础。

三　2分钟速记数字（40分）

1	8	2	7	3	4	5	9	3	8
4	7	5	8	5	9	3	0	3	0
9	3	8	2	7	1	6	3	7	4
5	0	3	9	4	8	2	7	1	8

数字记忆是世界记忆大师必备的一种能力，不仅可以运用在学习、工作、生活中，还可以训练自己的注意力、想象力。

四　2分钟速记人名和面孔（20分）

贝丝 　　周涵 　　亚特伍德 　　奥格斯格 　　李明汉

布朗 　　罗德里格斯 　　克劳迪娅 　　弗雷德里卡 　　泰勒

第一章 记忆大作战

测试结果大揭秘

（总分：100 分）

根据上面的记忆写出答案，不要偷看前面的内容哦！

1. 1 分钟词组测试（答对一个词组得 1 分，共 20 分）

_____ _____ _____ _____ _____
_____ _____ _____ _____ _____

2. 1 分钟对应数字记忆中文词组（答对一个词组得 1 分，共 20 分）

① _____   ② _____   ③ _____   ④ _____   ⑤ _____
⑥ _____   ⑦ _____   ⑧ _____   ⑨ _____   ⑩ _____
⑪ _____   ⑫ _____   ⑬ _____   ⑭ _____   ⑮ _____
⑯ _____   ⑰ _____   ⑱ _____   ⑲ _____   ⑳ _____

3. 2 分钟速记数字（答对一个数字得 1 分，共 40 分）

_____ _____ _____ _____ _____
_____ _____ _____ _____ _____
_____ _____ _____ _____ _____
_____ _____ _____ _____ _____

4. 2 分钟速记人名和面孔（答对一个人名和面孔得 2 分，共 20 分）

5

第二节 挑战记忆力

拿破仑曾说"想象力统治着这个世界"。他会在脑海中描绘出战争的场面，想象出各种细节和可能性。

想象力是我们提高记忆力和调控生活的钥匙。想象力和记忆力相互影响：想象力使你掌握更多的信息，提高记忆力；而记忆力又可以激发想象力，使你更好地解决问题和迎接成功。

儿童通常擅长想象。还记得小时候吗？对新鲜事物总是充满好奇心，要去验证它们，找出答案；会勾画出你没有见过面的朋友的样子；会玩恶作剧的游戏。那个时候我们是运用想象力来了解世界的。

儿童书籍总是充满图片和激动人心的故事。当我们学会涂鸦，会把它画得五彩斑斓。遗憾的是，当到了一定年纪，我们就被告之要遵守规则：不能乱涂乱画，要用同样的颜色，要保持干净整洁，要按照规矩和逻辑来行事。教科书上的图片越来越少，精彩的故事也逐渐消失。我们的想象力正在退化！

因此，为了拓展记忆力，我们必须要想象着回到童年，像孩子那样思考问题。也许一开始会感觉有点奇怪，不过，请相信：这种感觉，只是因为好久没有这样做罢了。当这种思维方式成为一种习惯时，你就会了解自身的记忆系统是如何运作的了。不要担心你的想象力已经变得迟钝，下面的这些例子将会让你重拾信心，证明你仍然拥有很好的想象力。

在开始挑战记忆力之前，希望小伙伴可以按照下面的要求进行记忆，一定要用一段完整的时间来记忆，大概需要 15 分钟。

第一章 记忆大作战

一　身体奥秘多：用身体定位桩速记词组

从身体中寻找到 10 个点，分别用来记忆：钥匙、鹦鹉、球儿、水壶、山虎、芭蕉、气球、扇儿、妈妈、饲料。

① 头发　② 眼睛　③ 鼻子　④ 嘴巴　⑤ 脖子
⑥ 肩膀　⑦ 前胸　⑧ 肚子　⑨ 大腿　⑩ 双脚

① 头发——钥匙
头上插了一把大大的钥匙，开启了智慧之门。

② 眼睛——鹦鹉
眼睛突然被飞过来的鹦鹉啄了一下，好痛。

③ 鼻子——球儿
鼻子上顶着一个球儿，特别好笑。

④ 嘴巴——水壶
嘴巴好渴，结果错喝了绿壶里面的水，天啊！

⑤ 脖子——山虎
脖子突然被山上的老虎抓伤了，好恐怖，流了好多血。

⑥ 肩膀——芭蕉
肩膀上突然长满了芭蕉皮，好另类。

⑦ 前胸——气球
前胸突然长满了气球，一拥抱，砰，就炸掉了。

⑧ 肚子——扇儿
肚子好热，不停地用扇子扇肚子，感觉凉凉的。

⑨ 大腿——妈妈
一位妇女突然跑过来抱住了你的大腿，低头一看，原来是自己的妈妈。

⑩ 双脚——饲料
双脚没有穿鞋，脚丫踩在了黏黏的饲料上面。

最后的效果图

7

最强大脑之忆菲冲天

注意： 回顾一下自己的身体，看看是否可以写出每个部位对应的具体内容，一定要想象出相对应的图片。

部　位	记忆信息	部　位	记忆信息
① 头发	钥匙（示例）	⑥ 肩膀	
② 眼睛		⑦ 前胸	
③ 鼻子		⑧ 肚子	
④ 嘴巴		⑨ 大腿	
⑤ 脖子		⑩ 双脚	

"菲常"印记（可以把没有完全回忆出来的信息写出来，并说明自己回忆时的状态，为什么没有回忆出来，什么原因，方便后期与"菲常记忆家族"伙伴探讨）。

_____
_____
_____

二　豪车来帮忙：用汽车定位桩速记词组

从汽车中寻找到10个点，分别用来记忆：河流、石山、妈妈、扇儿、气球、武林高手、恶霸、巴士、衣钩、鸡翅膀。

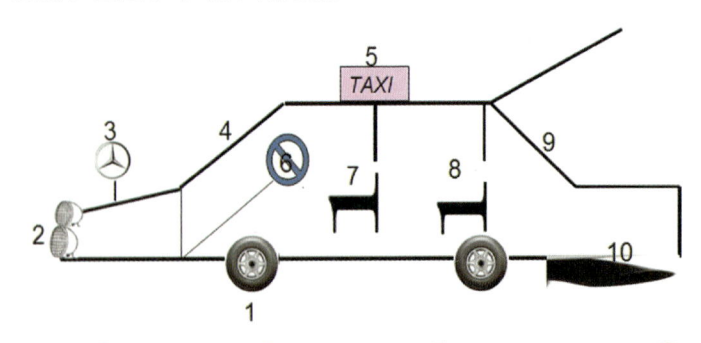

① 前轮　② 车灯　③ 标志　④ 挡风玻璃　⑤ TAXI
⑥ 方向盘　⑦ 前座　⑧ 后座　⑨ 后备箱　⑩ 排气筒

第一章　记忆大作战

1　前轮——河流

前轮开到了一条河流里面，湿答答的。

2　车灯——石山

车灯不小心撞到了一座石山。

3　标志——妈妈

妈妈突然跑出来把标志抢跑了。

4　挡风玻璃——扇儿

挡风玻璃太脏了，就用扇儿不停地扇灰。

5　TAXI——气球

TAXI上面挂满了五颜六色的气球。

6　方向盘——武林高手

方向盘上面坐着一个很能打的武林高手。

7　前座——恶霸

前座有一个十恶不赦的恶霸在疯狂的叫嚣。

8　后座——巴士

恶霸打不过武林高手逃到了巴士的后座上。

9　后备箱——衣钩

后备箱挂满了衣钩，像是卖衣服的。

10　排气筒——鸡翅膀

排气筒突然喷出好多鸡翅膀。

最后的效果图

9

最强大脑之忆菲冲天

注意：回顾一下汽车的定位桩，针对每个汽车部位说出具体的内容，一定要想象出相对应的图片。

部 位	记忆信息	部 位	记忆信息
① 前轮	河流（示例）	⑥ 方向盘	
② 车灯		⑦ 前座	
③ 标志		⑧ 后座	
④ 挡风玻璃		⑨ 后备箱	
⑤ TAXI		⑩ 排气筒	

三 讲故事：用故事法速记词组

通过故事记忆如下信息：

① 太极八卦　② 小山丘　③ 旧伞　④ 西服　⑤ 棒球

讲故事：鸡翅膀突然跑到太极八卦炉里面把自己烤熟了，然后就看到太极八卦炉里面有一座小山丘，山丘上面插着一把旧雨伞，雨伞一打开发现挂着一件西服，从西服的兜兜里拿出一个棒球。

四 难度升级：数字转换

小伙伴们都记住了吗？那么接下来我们进行转换，要增加难度了：记数字！

第一章 记忆大作战

身体定位

① 钥匙	② 鹦鹉	③ 球儿	④ 水壶	⑤ 山虎
14	15	92	65	35

⑥ 芭蕉	⑦ 气球	⑧ 扇儿	⑨ 妈妈	⑩ 饲料
89	79	32	38	46

汽车定位

① 河流	② 石山	③ 妈妈	④ 扇儿	⑤ 气球
26	43	38	32	79

⑥ 武林高手	⑦ 恶霸	⑧ 巴士	⑨ 衣钩	⑩ 鸡翅膀
50	28	84	19	71

故事定位

① 太极八卦	② 小山丘	③ 旧伞	④ 西服	⑤ 棒球
69	39	93	75	10

最强大脑之忆菲冲天

请根据以下图片直接写出对应地点桩的数字吧!

有没有发现,现在回忆信息的时候第一时间在脑海中出现的是画面,通过画面可以快速还原记忆的信息。

看看我们刚刚记忆了哪些内容吧!恭喜小伙伴,我们刚刚成功记忆了圆周率的前50位,祝贺一下自己吧!以前也许只能记忆到3.14159265……现在仅仅通过十几分钟的时间就记住了前面的50位。不仅如此,你会发现通过刚刚的记忆方法,记忆起来特别轻松有趣,也许在转换的过程中有些伙伴会比较慢,这不要紧,对应本书附录里面的数字编码表进行记忆,你就会轻松进行数字转换啦。如果你再掌握了本书快速记忆数字的方法,那么就可以轻松应对学习、工作、生活中所有的数字信息啦!悄悄告诉你,数字记忆还可以训练你的想象力、注意力,以及快速帮助你记忆整本书籍。哇,是不是很惊讶呢?!

圆周率
3.14159265358979323846264338327950288419716939937510…

第三节 揭开记忆的面纱

本书包含助你成功记忆的信息、技巧和练习。在现实生活中，要尽可能多地运用这些技巧。每当学会了一种新的记忆技巧，就要学会如何使用，而且越快越好！

本书最终的目的是要让读者对自身的记忆能力有足够的信心，可以从容地处理日常生活中的各类信息。读完本书后，你会有这样的感觉：我可以很好地控制自己的记忆力了，并学会利用自身的心理框架图去整理、回忆和配对自己所需要的信息。书中的技巧会给你意想不到的效果，并让你从中受益匪浅。每一条技巧都很具实用性，帮助你集中注意力展开记忆工作。不要为那些无用的信息而绞尽脑汁、烦躁，运用一些很简单的技巧就可以把那些不需要的信息剔除掉。

开始时，可能会觉得有些技巧的运用很复杂，请不要沮丧。习惯是慢慢牢固起来的，很快，你就会从每一条技巧中得到丰硕的回报。这样的时间投资绝对是划算的。古话"磨刀不误砍柴工"说的就是这个道理。

最强大脑之忆菲冲天

在开始前，先来玩一个有趣的左右脑考验游戏吧！看准题目再操作呦。

请看列表并且说出颜色而不是文字！

黄	蓝	橙	橙	绿	黑
黑	红	绿	蓝	红	紫
紫	黄	红	绿	蓝	橙

这是一道左右脑考验题——看不同颜色的字说出它的颜色，有趣的是人们往往说出的是文字而不是文字颜色！这就是奇妙的左右脑冲突：人们的左脑善于语言和逻辑分析，缺少幽默和丰富的情感；右脑就像个艺术家，擅长非语言的形象思维和直觉，对音乐、美术、舞蹈等艺术活动有超常的感悟力，空间想象力极强。左右脑的不同，决定了每个人所擅长的方面不一样。但可以肯定的是，只有全脑思维才能更好地迎接这个不断变化的时代。接下来就让我们了解一下大脑吧！

一 大脑的奥秘：了解大脑

大脑皮层的表面有许多褶皱，鼓起的部分称为"回"，下去的部分称为"沟"，特别深的沟则称为"裂"，例如把大脑分为左右两半球的沟称为"纵裂"。正是这些沟裂把大脑表面分成许多不同的区域。

大致来说，从皮层来看可分成四个区域：前端的额叶、顶部的顶叶、两旁的颞叶和后端的枕叶。

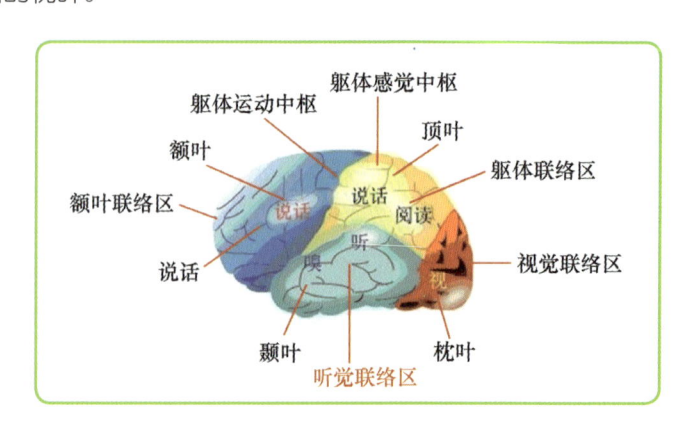

第一章　记忆大作战

　　大脑通过一条长长的神经网络与身体各部位相连接，从而传递信息。而神经由神经元组成，神经元就像构建大脑的砖石，你的每一个感觉以及思想动作都与神经元有关。你的大脑里面有将近 1000 亿个神经元，神经元很小，数万个神经元加起来才有一个针尖大。如果将这些神经元的细胞膜全部铺展开来，能覆盖约 4 个足球场。

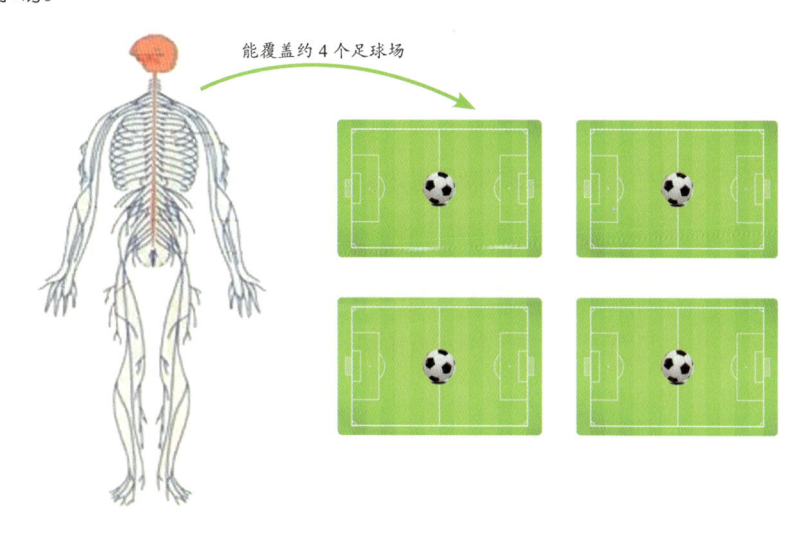

能覆盖约 4 个足球场

二　什么是记忆：让大脑更灵活

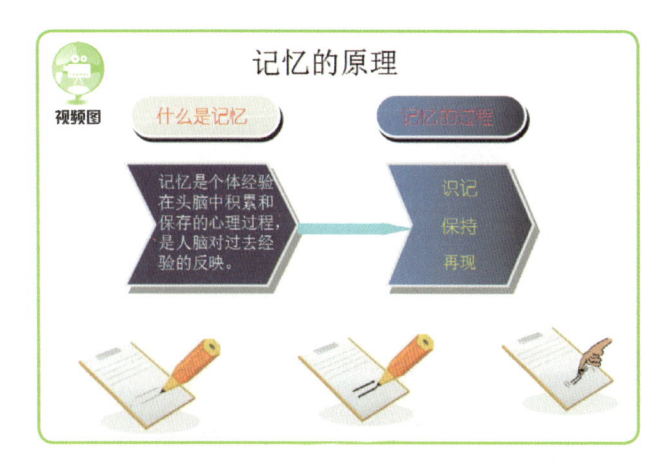

扫描二维码，回复关键字"什么是记忆"可观看视频

15

最强大脑之忆菲冲天

记忆可以说是个体经验在头脑中积累和保存的心理过程,也是人类满足知性快感的一种典型的行为,脑内大量分泌一种叫作多巴胺的神经化学物质,它能够激活一种与产生灵感和创造性行为息息相关的叫作 A10 神经的神经组织,尤其是在被称为"人类大脑指挥部"的额叶联合区,多巴胺会过量分泌。比如说,当你有"我一定要记住这个问题"的强烈愿望或者"记这个内容我非常开心"的强烈快感时,多巴胺的分泌就会加速,最终使你的记忆产生飞跃性的提高。

人类之所以能有现在这样日新月异的进步,正是因为有这种非比寻常的、追求知性快感的执着心。如果人类始终只是追求与生俱来的那些本能快感,如典型的睡觉、吃饭,相信人类就不会进化到今天这样了。

但即便同样都是记忆,如果只是单纯地死记硬背,也不能够起到刺激快感神经的作用。如果能够养成全力运转大脑来进行记忆的习惯,就会给大脑以很大的刺激,灵感和直觉等重要的功能也将得到相应提高,也就是说,想方设法去集中记忆力的行为才是能够最大限度发挥人类大脑潜能的理想化行为。

即便在过去,对大脑的了解并不是很多,但是人们却深深知道图像和联想对于记忆的重要性,如爱因斯坦会在他的笔记中运用图解的方式帮助其记忆并进行科学研发、想象。图像确实对记忆起到了至关重要的作用,在早前没有文字的时期,古代用于交流的语言就是图像,看看我们的象形文字就会有所了解。其实记忆就是将外部获取的信息经过大脑存储后提取出来的过程。

需要说明的是,"记"和"忆"是两种不同的概念,记忆相当于照相一样,"记"如同每次拍摄的照片,而"忆"如同查找照片的过程,知道并清楚了"记"和"忆"的区别,才能更好地进行记忆训练。

三　记忆的特点：左右脑的不同记忆角色扮演

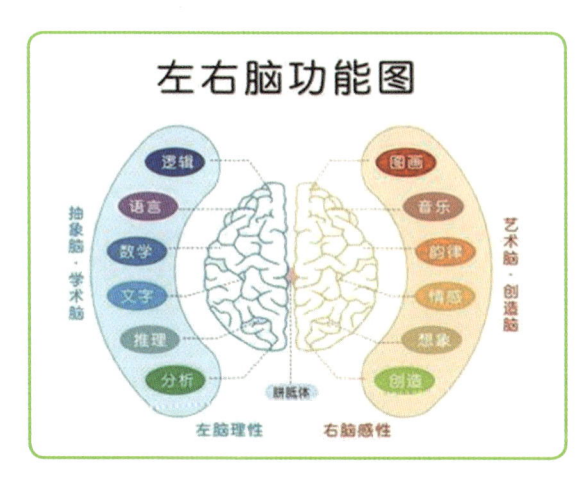

左脑主要处理逻辑的、线性的、分析的词汇，以及数字、文字等信息，是我们的理性脑，通过后天的学习和训练发育成熟。其工作流程是通过对知识的分析、理解、归纳、整合，并进行输出以便运用于实际的过程。缺点是处理信息速度慢、效率低，死记硬背就是用左脑记忆。

右脑主要处理节奏、想象、创造、色彩、空间、时间等内容，是我们的感性脑，右脑先天就具有以上各种能力，再通过后天不断运用就可以保持并发挥强大的学习效果。右脑是直接将图像、声音、色彩、形状、节奏等信息存储下来，不需要速度缓慢的逻辑分析，所以对信息的存取速度几乎没有限制。

当我们在街上走路的时候听见很多的背景音乐，我们一般会先记住旋律，而记忆旋律就是右脑的工作。后期我们隔很长时间不去回忆一首歌曲的时候，最先忘记的一般是歌词，而歌词就是左脑负责的文字记忆。再比如说，我们在街上碰到一个人，回忆不起他的名字，但却觉得他很眼熟，这是因为右脑已经记住了他的长相，但左脑却在记忆他名字的时候出现了遗漏，所以没办法把面孔和名字第一时间串联在一起。

因此更多地发挥右脑的功能，提升我们对信息的存取速度，是提高我们学习效率的唯一途径！

四　记忆的四种材料：图像、声音、文字、数字

培根说："一切知识都只不过是记忆。"如果你看过的书、学过的知识记不住，那你肯定用不上。从古至今，有很多人被我们称之为天才，如爱因斯坦、亚里士多德、贝多芬、爱迪生、柏拉图等，那他们为什么会拥有超强的记忆力呢？这种记忆能力从何而来呢？而他们又是如何运用这种记忆力帮助自己取得成就的呢？直到最近100年才真正开始对记忆展开了大量的研究。

记忆的材料共有四种：**图像、声音、文字、数字**。

所有学习的过程都离不开这四种材料。而以图像在记忆的过程中速度最快，最不容易忘记，而后依序是声音、文字及数字。

举例　我们常常在公共场合中遇见多年不见的朋友，可能已忘了对方的名字，但为何多年不见的朋友却能认得？那是因为对方的长相已经形成了图像，记录在脑海中。而忘记名字是因为名字是文字。你有没有类似的经历呢？声音比文字好记，例如我们接到电话时，就可分辨来电者是谁，因为听到的是声音。而要回忆好友是何年何月何日认识的（数字），那将更困难。

所有的记忆信息都可以分为这四类，也就是说，如果我们掌握了如何快速处

理并记忆这四类信息的方法，那么学习将可完全"吸收"，并且运用。

五 记忆的形成：识记、保持、再现

记忆包括识记、保持、再认（再现）三个过程。

"记"体现在识记和保持上或体现在编码和存储上，"忆"体现在再认和再现上，或体现在提取上，通过再认（再现）可恢复过去的知识经验。从记忆保持的时间角度来看可分为瞬时记忆、短时记忆、长时记忆。从主体的参与角度来看可分为无意记忆和有意记忆。

记就是重现知识结构，所以如果在识记与保持上运用技巧和方法，那么记忆将变得容易很多。

和大家分享一个"菲常记忆"的学习记忆流程图，在掌握了这套记忆流程图后，可以正确、快速记忆想要学会的任何技能、知识。

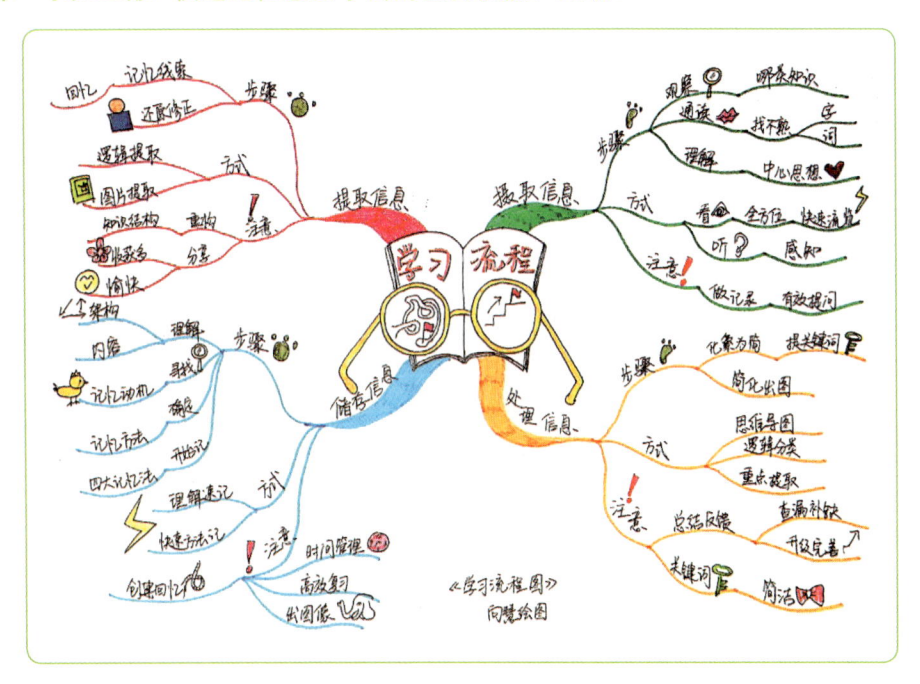

从认知心理学来讲，记忆可以分为三个层面，分别是编码、存储和提取。

最强大脑之忆菲冲天

> 当我们第一次阅读本书时,这个动作和状态就是在摄取信息——你在观察它是什么、讲了什么。比如这张学习流程图,你看到这张图的第一感觉是什么?是不是觉得还挺漂亮,因为漂亮,所以你愿意尝试进一步地观看、了解它,这就是兴趣。你会发现我们一定是先产生了兴趣,才愿意进一步地去探索。

学习任何新技能或者记忆新知识都要经历四个步骤:摄取信息、处理信息、存储信息、提取信息。

1 摄取信息

摄取信息有两种形式:一种是看;一种是听。"看"是观察信息,"听"是理解知识点。有些人听课不集中,不能理解知识含义是因为本身对知识不理解,没兴趣,而且已有的知识网络不足以帮自己支撑理解新的知识,所以就记不住。

摄取信息三步曲:① 观察;② 通读;③ 理解。

① 观察:观察知识信息的类别(数字、文字、声音、图片)。

② 通读:看是否有不认识的字词,可以默读。

③ 理解:理解知识的含义,不清楚的知识要及时补充,因为理解是记忆的前提,理解后的知识再运用记忆法就如虎添翼了。

我要飞得更高,啦啦啦……

2 处理信息

处理信息就是把摄取进来的知识点分门别类地进行整理,这样才便于后面进行记忆。

处理信息分为两步：① 化繁为简；② 转化图像。

① 化繁为简：把摄取进来的知识信息进行筛选，选出关键性的知识点，即关键词。把关键词进行归纳、总结、整理后会发现知识信息简化了许多，这样不仅便于后期的记忆，同时看起来也会觉得没那么多知识信息，可以轻松易记。这个提取关键词化繁为简的步骤其实是由左脑负责提供的，左脑本身就善于归纳整理。一般情况下，整理笔记这个过程会运用到思维导图，这样会在后期复习的时候大大缩短复习时间，也可以达到长久记忆的效果（思维导图会在后面的章节中进行详细分享，先期待一下吧）。

② 转化图像：我们清楚，大脑在记忆的过程中喜欢图像记忆，所以我们需要把化繁为简的知识点转换成图片，再结合后面存储信息的方法，即可随心所欲地记忆啦！关于四类知识信息如何转换成图片本书也会有详细讲解呦，请容我细细道来。

③ 存储信息

存储信息就是把处理好的信息图片，运用正确、适合自己的记忆方法输入到自己的大脑中。要注意，在存储记忆的时候，根据自己记忆目的的不同（想短时记忆还是长时记忆）所运用的记忆方法略有区别。

存储信息的步骤：

① 理解知识信息（第一步是依靠摄取信息完成的）。
② 通过关键词转换为图像记忆（第二步依靠处理信息完成）。
③ 运用四大记忆方法记忆（联想法、绘图法、数字法、记忆宫殿法）。
④ 创建回忆的线索点，便于后期回忆时快速提取。
⑤ 多次复习。

④ 提取信息

提取信息是记忆流程的最后一步，也就是我们的回忆，其实我们每个人记的能力都没有问题，但回忆却存在问题，那是因为大部分人在回忆信息的时候只回

最强大脑之忆菲冲天

忆知识，而非知识背后的图片，所以会有模糊的感觉。其实只要在记的过程中创建了清晰的记忆线索，回忆时就可以根据记忆线索轻松调取所记的知识信息。

举例 我在参加《最强大脑》节目时记忆的油画碎片就是在记的过程中把单个碎片与整幅图快速创建线索，回忆的时候就可以通过记忆线索准确说出是哪幅油画碎片。

提取信息的流程及注意事项：

① 需要根据记忆线索回忆关键词。

② 通过关键词回忆整体知识信息。

如果实在回忆不起来，可能是以下原因：

① 处理信息时没有化繁为简并且联想出生动形象的画面。

② 记忆信息的时候没有创建记忆线索。

③ 记忆线索创建得不清晰、不生动、不关己、不夸张。

你可以把整个记忆学习流程图的四个步骤想象成做一道菜：去菜市场买菜的过程相当于摄取信息；买回来的菜切好洗净好比处理信息；上锅煎炒烹炸相当于存储信息；最后吃完饭回忆一下吃了什么就好比提取信息。有时候经常上一顿吃了什么都忘记了，但几天前吃过的有特色的农家菜却记得，这是因为这个记忆线索很特别，所以就印象深刻。

记忆误区：有些小伙伴可能会觉得上面的记忆步骤是否太过于烦琐了，有些东西还不如死记硬背来得快。是的，我很理解这样的想法，同时我们要清楚，死记硬背只是记忆法中的一种，而一种记忆的方法没办法满足我们现在所要记忆的各种不同类型的知识信息。死记硬背好比买过来的青菜，有的可以直接吃，而有的需要清洗处理一下才能入口，所以你会发现，死记硬背是记得很快，但忘得也很快。

如果记忆材料不是很多，可以采取死记硬背的方式记忆。什么时候可以采取记忆方法记忆呢？当有很多知识点要记忆的时候，这些知识很容易混乱，这时你再使用记忆方法，就可以事半功倍了，所以一定要根据记忆信息的不同，记忆目的的不同，选用不同的记忆方法记忆。

记忆方法好比交通工具，如轮船、汽车、飞机等。不同的环境、不同的人在不同的情况下，选择的出行工具是有所不同的。如果你把所有工具的使用原理和方法都掌握了，无论什么情况，你都可以选择最适合自己的出行工具。记忆法也是如此，记忆力就是一种能力，任何能力都可以通过科学有效的训练得到提升，所以不要过于在意用什么方法，适合自己最重要，哪怕不运用记忆方法，如果你可以在摄取和处理信息上下功夫，那么记忆也会变得更轻松。

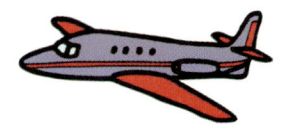

六 记忆的提取与遗忘：让你不再记了忘、忘了又记

前面介绍过记忆的形成，如果我们想让记忆变得更加深刻，那么我们会在识记和保持上面下功夫——创建记忆痕迹。现在来说一下如何更快地提取知识信息吧！

最强大脑之忆菲冲天

我们会遵循以下4点原则：

- 在信息摄取的时候理解知识信息的含义。理解是记忆的基础，如果在摄取信息的时候就对信息有了一个相应的了解，那么对后面的记忆就容易很多，这就好比在旅游前，做好了详细的旅游攻略一样。
- 在处理信息的时候化繁为简，并对处理好的信息赋予生动的形象画面；记忆的信息分成数字、文字、声音和图片，最难的是数字，最简单的是图片，我们要把数字、文字、声音转换成图片后进行记忆就容易许多。
- 在存储记忆的时候，信息之间的记忆应留有痕迹。所谓的记忆痕迹就是回忆的线索，回忆不起来是因为我们在回忆的时候信息之间断层，导致我们无法回忆，如果我们在记的时候就创建记忆痕迹的话，那么就可以快速通过痕迹回想起知识信息。
- 注意大脑记忆库的再次整理工作，也就是多次复习。复习是分时间的，刚记忆完后30分钟内，最好复习一遍，之后的时间依次是晚上、早起、一周、一月复习，根据对知识记忆的要求可以加大复习次数。

说完了提取我们再说说遗忘，为什么我们记忆完的事物会遗忘呢？原因很简单，根据我们"菲常记忆"学习流程图可以看出，遗忘分为3个方面：① 在摄取信息的时候缺乏足够的时间理解；② 在处理信息的时候没有化繁为简以及形成清晰具体的较为形象的画面；③ 在记忆信息的时候没有生动关己的连接，也就是没有留痕迹，没有形成回忆线索点。

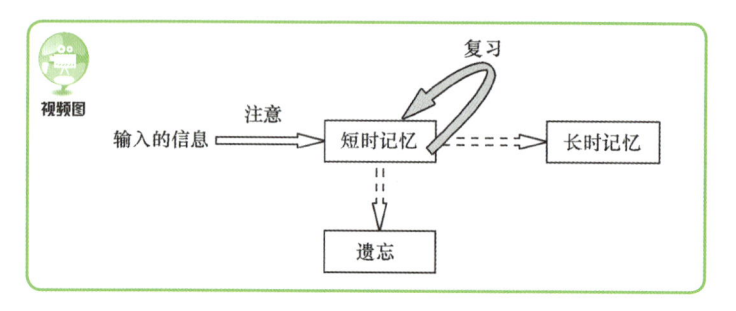

那么了解了记忆的提取与遗忘后，"菲常记忆家族"的小伙伴们就要清楚，无论是在记的时候，还是在回忆的时候都需要按照正确的方法和步骤来进行记忆学习。

第一章 记忆大作战

七 记忆的类别：分清类别逐个击破

从研究记忆力开始，就有同学询问记忆和记忆力的区别是什么，大家往往会将其复杂化，其实记忆好比一个过程，而记忆力就是一种结果。比如，所有人都可以学会开车，但不是所有人都能开好车。这里讲解的是记忆方法，可通过不断学习与训练来增强我们的记忆力。记忆力只是记忆系统中的一种能力而已。

扫描二维码，回复关键字"记忆的类别"可观看视频

> **举例**
>
> 2011 年，一位 13 岁小男孩 N 某被确诊为癫痫病，右脑功能丧失，所以被强行开发了左脑，正因如此记忆力大大增强，但由于病痛的折磨，不得不摘除右脑，但手术后，癫痫病虽然治愈，但拥有的超强记忆力也随之而去。虽然没有了超强记忆力，但他还是拥有记忆的能力，并没有因此而记不住东西，因为他和其他人一样，不仅仅只拥有一种记忆能力。

1 陈述性记忆

一般来讲，我们所理解的记忆是海马区对知识及事件的记忆。这种是陈述性记忆，或者称为外显记忆。陈述性记忆又分为两种：语义记忆和情景记忆。我们在学生时期所学的"背诵内容"，如语言、概念、公式、定律等大部分都是语义记忆。"太阳从东边升起西边落下""中国的首都是北京"等这类众所周知的事实

都是语义记忆。

情景记忆，是指如"早上吃了哪些丰富的早餐"以及"和闺蜜看了一场有趣的电影"等这类与自己的亲身体验相关的记忆。为什么要这样分类呢？这是由于这两种记忆的原理不同。

> **举例** 这里有一个加拿大记忆障碍患者的相关实例：他看见自己的汽车照片时，很容易认出这个是自己的汽车。但是，当被问到"昨天你开着这辆车去哪里了"时，则完全回答不上来。也就是说，他在语义记忆方面是正常的，但是在情景记忆的持续能力方面是缺失的。

随着人的成长，人们对于往事的记忆会不断增加，人的个性也随之形成。也就是说，情景记忆在人的一生中没有片刻的休息，始终不断地在脑内进行着记录工作。然后，人们用自己所特有的"记忆丝线"对这些记忆进行编织，做成这个世界上独一无二的"体验地毯"。

至于语义记忆和情景记忆在记忆原理上是怎样的，或者记忆时所使用的脑部位置有什么不同，这些问题目前还没有得到明确的解释。

② 非陈述性记忆

那么，与陈述性记忆相反的记忆是什么呢？是非陈述性记忆，或者叫作内隐记忆。其典型代表是运动技能反射。运动技巧、陶艺、绘画、乐器演奏等熟练性技能都属于这类。

我们在定义"聪明人"的时候，一般是指语义记忆方面很优秀的人。

另外一个非陈述性记忆的典型代表是条件反射，走在路上，忽然从草丛中窜出一条蛇时，你会条件反射地大叫一声跳开，这就是一个典型的例子。

从进化过程来看，人类首先是从非陈述性记忆的条件反射及运动技能反射开始的。然后，人类力图区别于其他的动物，因此又掌握了陈述性记忆。

在人类的进化过程中，我们不断地获得新的记忆形态。但是我们也应该逐渐意识到，进化并不等同于单纯地灌输知识信息。了解了记忆的类型后离后面提升记忆力就又近了一步啦！

八　记忆的过程：剖析大脑存储原理

记忆的信息通过语言转换成形象，变成生动的"记忆录像带"后进入到大脑中，进入大脑需要加工处理分类，然后存储在大脑记忆库里面。时间长了，输入的信息越来越多，就需要再次整理。只有这些知识分门别类地存储在大脑中后，才能达到后期快速提取的效果。

语言转变成形象是由右脑完成，在进入大脑记忆库前左脑需要创建一个记忆线索，这个记忆线索好比把 U 盘里面的信息复制到电脑时需要起一个名字一样。提取的时候可以通过这个记忆标签回忆知识信息。回忆信息是由左脑负责，所以我们可以通过记忆线索来提取知识信息。

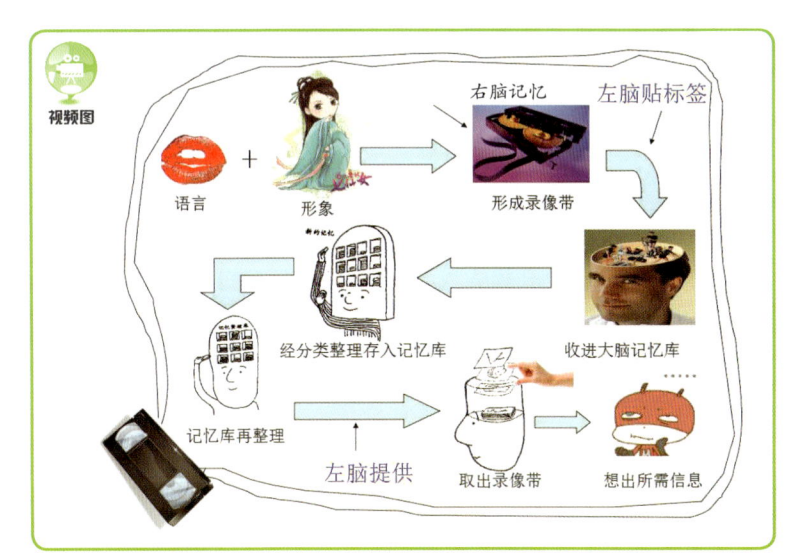

扫描二维码，回复关键字"记忆是如何工作的"可观看视频

其实整个记忆的流程和电脑储存信息是一样的，把东西存入电脑需要起名字，还需要放在指定的文档里面，时间长了，要及时清理电脑文件，不然就会影响电脑的速度。如果在开始的时候没有起名字，随意丢在桌面，那么时间长了，当想提取信息的时候，就很难找到了，所以说，要养成正确记忆的习惯，这样才能让大脑变得越来越灵活。

最强大脑之忆菲冲天

"菲常"解答

1. 记忆力的训练会不会枯燥耗时，自己总健忘能否学会？

答：有没有发现，一切都是自我设限，你可以轻松记忆前面的圆周率，也可以想起十几年前的事情，可以记住很多的人名、面孔、歌曲和各种技能。事实上，在你的日常生活中，记忆力已经帮助你处理了很多事情。

那些不敢正视自己记忆力的人经常会找各种借口。而事实上，提高记忆力的训练既简单快捷又乐趣无穷。因为知识是日积月累的，活到老学到老，永无止境。但学习快速记忆知识的技能，就好比学习游泳、开车、打球一样，方法可以通过短期学会，在后期加以训练的话就可以终身拥有了。

当你有效地使用记忆方法时，大脑自身的工作过程的确会比较复杂，但只要你学会了书中的记忆方法就会发现，这些技巧和方法会帮你组织新的信息，将那些枯燥无味的信息变成栩栩如生的画面和方便我们快速记忆的形象化语言。这样就可以快速提升我们的记忆能力，并且用于未来的学习、生活、工作中了。

2. 了解自己是哪一类型的记忆群体对自身记忆有什么帮助？

答：这个非常有必要，有人喜欢文字，有人喜欢数字，有人喜欢声音等，不同的人，因喜好、性格不同，导致学习方式也有所不同。了解了自己属于哪一记忆类型后，就可以更加有针对性地进行训练，扬长避短，发挥自己的优势才可以更好地成长。

深入了解自己的记忆，在遇到问题的时候就会更快地找到适合自己的记忆方法。要想了解自己的记忆类型，可以在"菲常记忆家族"微信公众平台里面输入"记忆测试"进行查看。

小结

记忆其实简单来说只有两方面：一个是输入信息，另一个是输出信息。从小到大我们一直在进行着大量的输入，但却不知道如何快速输出信息。

我们都知道电脑分成硬件和软件两部分，硬件主要看处理器和内存容量。随着我们的使用，都会安装各种办公、游戏软件，同时也会存储大量的信息内容。当内存不够的时候我们可能会考虑加一个内存条或者连接一个移动硬盘。如果运行速度慢了，我们可能会考虑杀毒，或清理一下电脑没用的信息以保持电脑的高速运转。

那么，问题来了，我们假定电脑好比人脑，当然人类的大脑比电脑强大很多，从我们刚出生时就开始不停地大量输入信息，开始的时候因为容量很大，还可以应对，但随着年龄的增长，慢慢发现记忆能力下降了，开始忘记事情，开始丢三落四。

其实，不是自己记不住了，是因为要记忆的信息越来越多，而精力确实极其有限。思考一下，因为几乎很少或者从来就没有定期清理、整理大脑的知识信息，内存快满了，所以考虑把大脑升级一下，或者也外接一个移动硬盘帮助我们存储信息吧！

这也可以？！一定是可以的，我们只要保持大脑时刻拥有最佳的状态记忆，有足够多的空间内存来记忆知识信息，把长时间不用的知识信息放在大脑长期存储库里面，什么时候想用再调取出来即可。

记忆测评 1

再次回忆一下圆周率的前 50 位吧！

圆周率

3.1415…

思维风暴

木匠与钉子

这个游戏来自一位老木匠。你必须重新排列这 6 根钉子，并使它们彼此接触。这个游戏看似简单，但要注意：永远不要"结束"自己的尝试（答案均在本书找）。

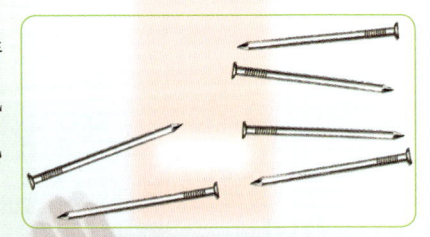

第二阶段

成长期

第二章

超级联想法

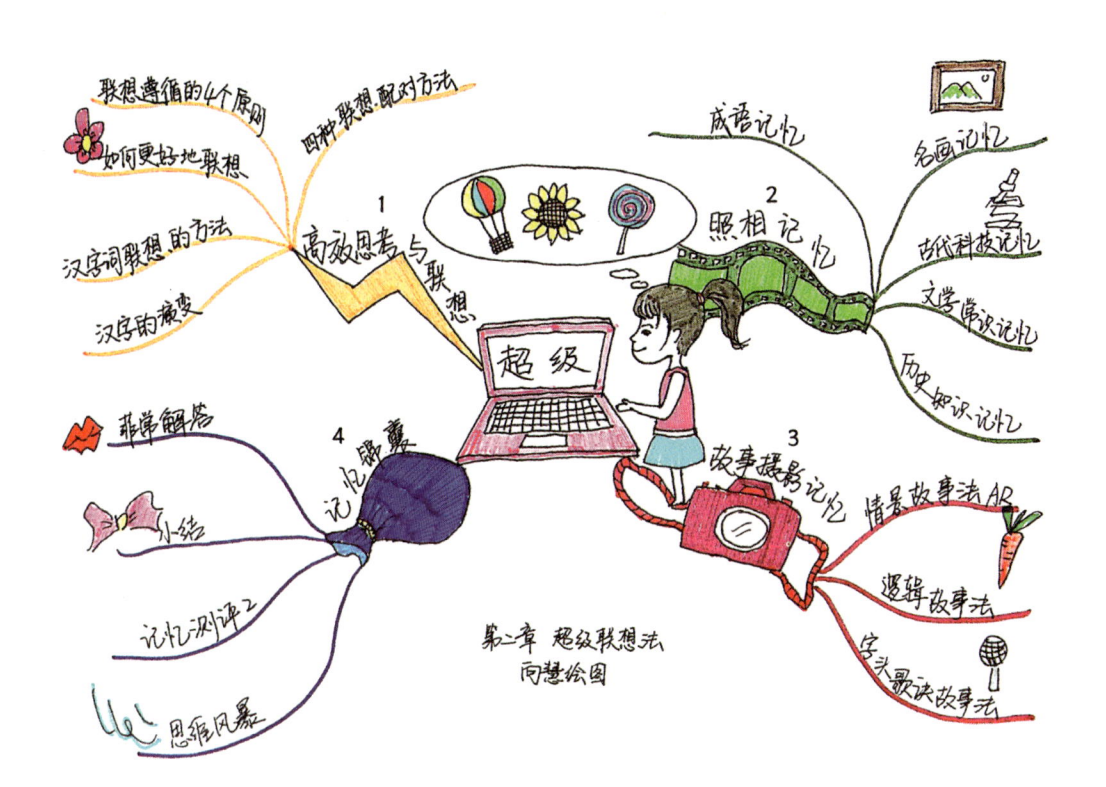

最强大脑之忆菲冲天

闭上眼睛，放松身体，在你的脑海中有一个水果盘，里面有很多的山楂，你拿出其中一个山楂放在嘴里咬一口，什么感觉？是不是感觉很酸，有的小伙伴还分泌了唾液，睁开眼再感觉一下，其实什么都没有，但你的潜意识却可以支配你的神经系统，所以说每个人的潜能无穷，想象力无限。

第一节　高效的思考与联想

思考：铅笔除了写字还可以做什么？大家可以天马行空地去联想。

刚刚大家进行了一些联想，有没有发现，开始写的一般是绘画之类的，因为绘画和我们息息相关，也是最接近笔的用途的，所以我们会就近联想。一般写了7~8个后就想不出来了，停顿一段时间后可能又想起来了一些，一写又是几个一组的，要清楚，我们的联想是可以以熟记新。

观察一下，你的联想是不是天马行空的想象呢？现在试着把这些联想进行分类，看看可以分成几类。开始联想是右脑思维帮助我们拓宽想象空间，归纳总结就是左脑喜欢做的事情了，所以要学会左右脑一同协作学习记忆。

《思维发散"铅笔的用途"》
向壁出品

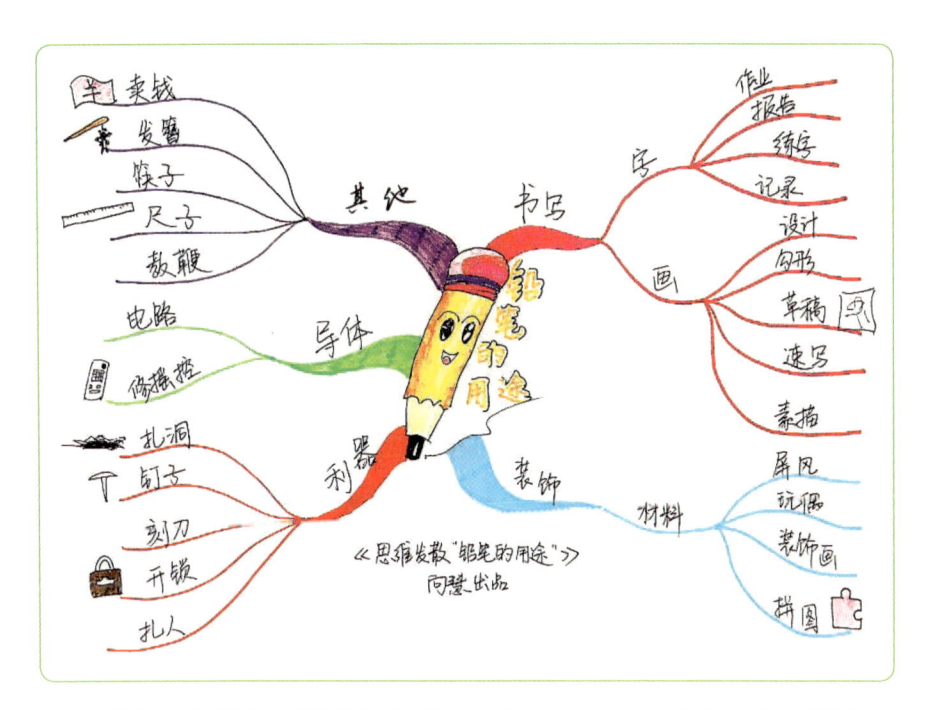

说到联想，我们首先要清楚联想什么内容，从文字信息说起，语言文字由字、词、句组成，而要记忆一篇文章也需要把文章的关键框架、脉络记下来，所以重点还是在于字词，那接下来我们就从最基础的字词开始吧！

一 汉字的演变

从仓颉造字的古老传说到一百多年前甲骨文的发现，历代中国学者一直致力于揭开汉字起源之谜。

关于汉字的起源，中国古代文献上有种种说法，如"结绳"、"八卦"、"图画"、"书契"等，古书上还普遍记载有黄帝史官仓颉造字的传说。现代学者认为，系统的文字工具不可能完全都由一个人创造出来，仓颉如果确有其人，应该是文字整理者或者是颁布者。

总体来说中国汉字的发展，前后经过了六千多年的变化，其演变过程是：半坡陶文→东夷骨刻文→甲骨文→金文→小篆→隶书→楷书→草书→行书。

最强大脑之忆菲冲天

汉字的演变

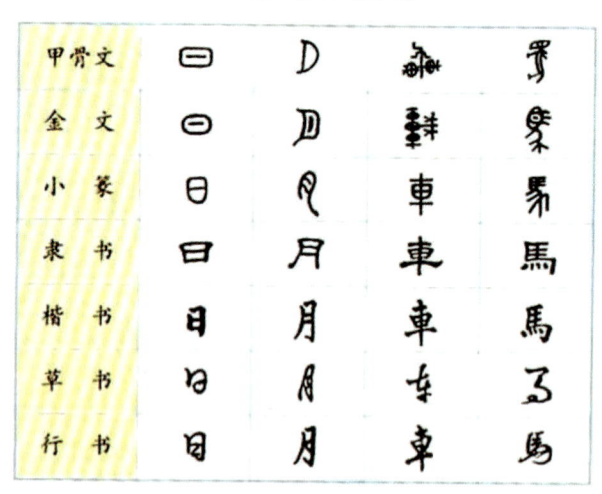

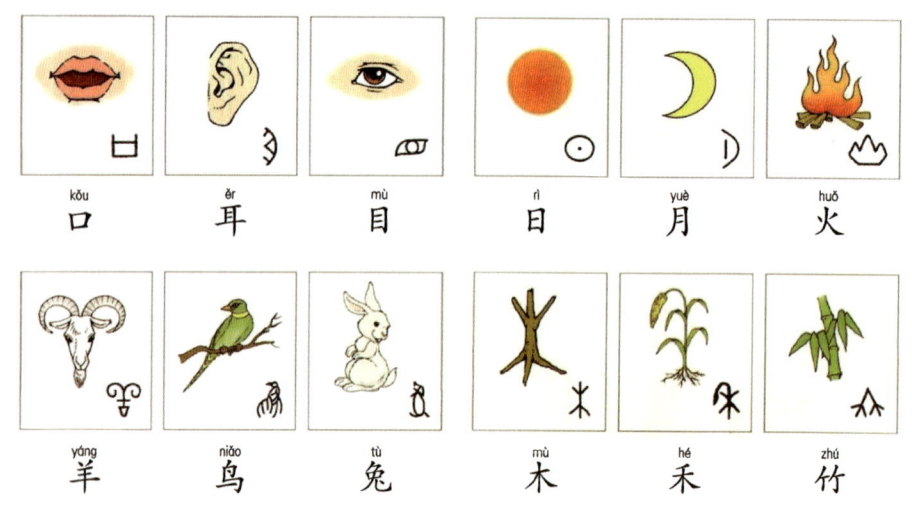

甲骨文	⊖	◗	轉	象
金文	⊖	◑	軿	馬
小篆	⊙	ᗰ	車	馬
隶书	日	月	車	馬
楷书	日	月	車	馬
草书	日	月	车	马
行书	日	月	车	马

kǒu	ěr	mù	rì	yuè	huǒ
口	耳	目	日	月	火

yáng	niǎo	tù	mù	hé	zhú
羊	鸟	兔	木	禾	竹

二 字词联想的方法

每一个文字的背后，都有它的含义，而每个含义都有对应的画面，我们只要把画面构想出来就可以很好地进行记忆了。名词可以直接绘制出图像，抽象词语可以进行以下转换。

词语转换为形象词原则

方　式	举　例	联　想	形　象
替换	危机	小说《危机》	
谐音	竖立	树立	
增减字	信用	信用卡	
倒字	雪白	白雪	
望文生义	抽象	抽打大象	

注意：出图没有好坏之分，只要适合自己，看到图后可以准确回忆出文字就可以了。

在我们记忆中文信息时，如果能够很快将抽象词进行形象化转换，那么我们不仅记忆得更快，实际上对我们大脑的刺激也会更多。抽象词汇由左脑控制，左脑进行逻辑处理后转换为形象，在形象生成和形象记忆的过程中又会刺激右脑，所以当我们进行这种转换时也是对我们左右脑平衡发展的一种训练，小伙伴们也来尝试一下吧！

最强大脑之忆菲冲天

抽象词转换为形象词训练

词汇	形象	词汇	形象
光明	光头明亮	漫谈	
苗条		迷途	
命运		模样	
破案		叛乱	
民营		强烈	

联想分成相近、相似、因果、奇特联想！

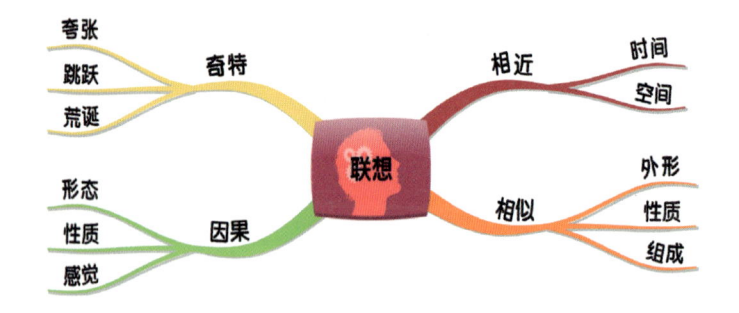

奇特：夸张、跳跃、荒诞
相近：时间、空间
相似：外形、性质、组成
因果：形态、性质、感觉

1 相近

相近联想：时间、空间上的相近联想。

由天空可以联想到什么（尽量多写）？

36

第二章 超级联想法

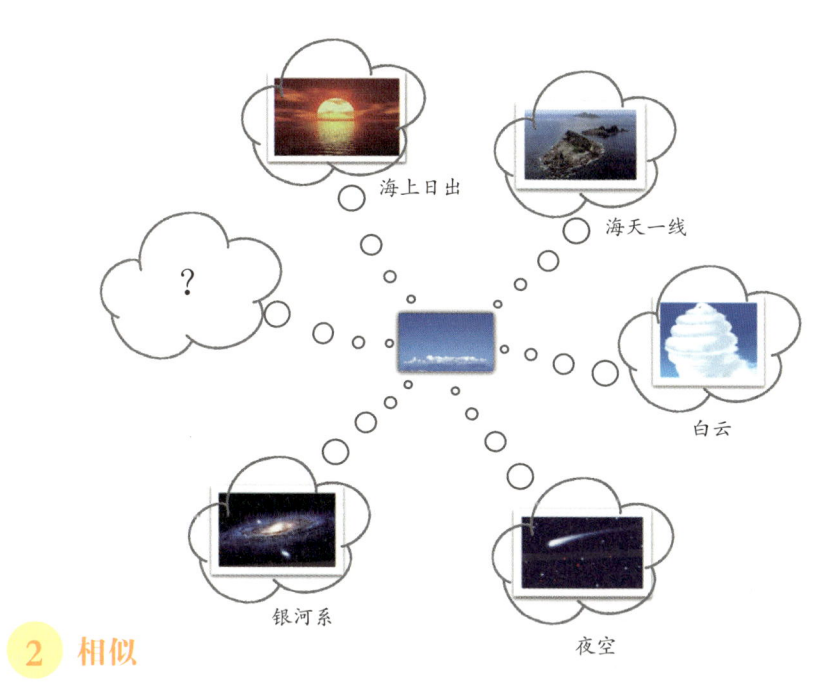

海上日出　　海天一线

?　　　　白云

银河系　　夜空

2 相似

相似联想：外形、性质、组成等相类似的联想。

由太阳可以联想到什么？

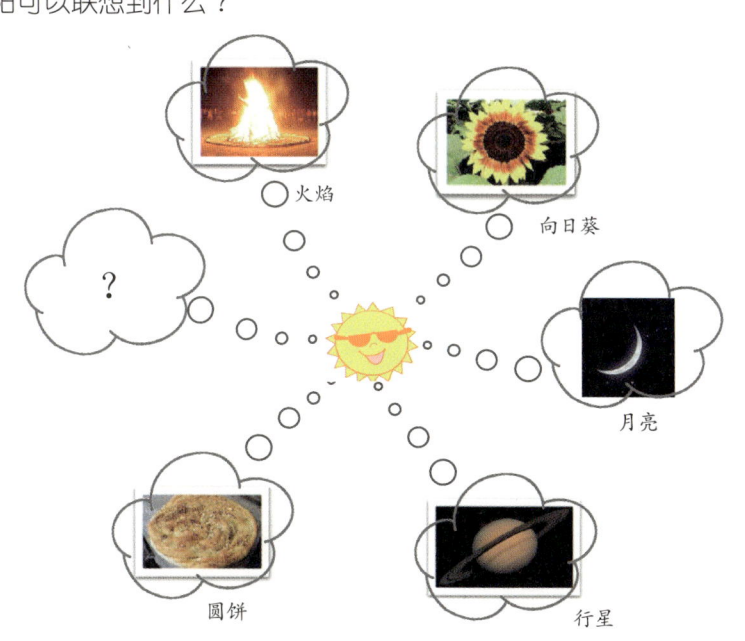

火焰　　向日葵

?　　　　月亮

圆饼　　行星

37

最强大脑之忆菲冲天

3 因果

因果联想：因果联想就是看到一个物品或人物，以它为起因联想到的事物。
由玫瑰花可以联想到什么？

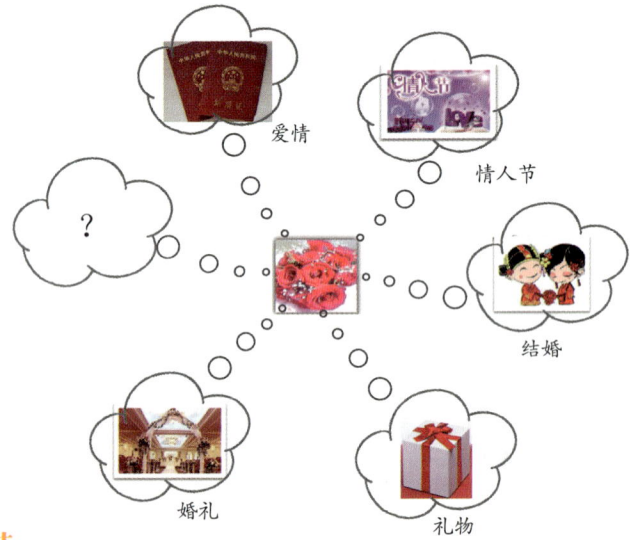

爱情　情人节　？　结婚　婚礼　礼物

4 奇特

奇特联想：反常的事物，荒诞、奇特、夸张搞笑的联想。
你可以想到的奇特联想有什么？

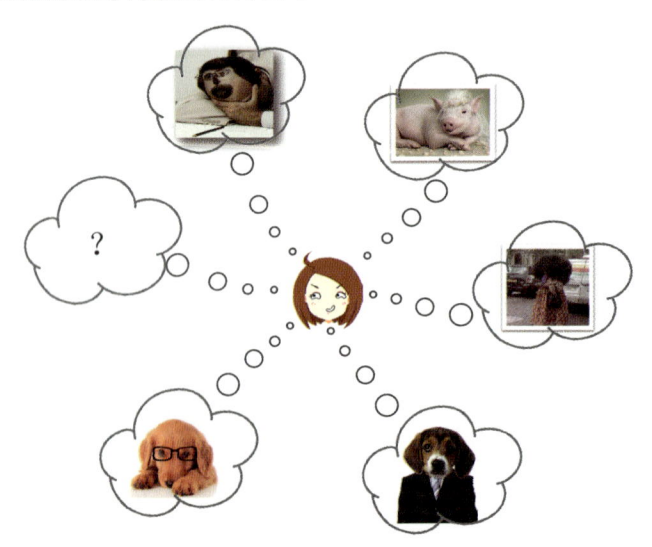

三　如何更好地联想

1　积极想象

人们喜欢积极的想象，积极的想象能为我们创造更美好的未来。

2　动用感官

生活中我们无时无刻不在记忆，记忆有方法，有辅助的工具，在这之中我们的身体就是最好的工具，可以利用视觉、听觉、嗅觉、味觉、触觉帮助我们来加深记忆痕迹。

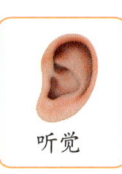

| 视觉 | 听觉 | 嗅觉 | 味觉 | 触觉 |

既然要运用联想法帮助我们记忆任何中文信息，这就需要我们把所有的中文信息转化成为一幅幅生动有趣的图片，如何进行转换呢？通过下面单个词组的训练就能让你慢慢找到文字转换成图片的感觉，加油！要相信自己，慢慢挖掘大脑强大的潜能吧！

小试牛刀：注意看到中文后，在第一时间把自己脑海中出现的画面用文字描绘出来即可。

词　汇	形　　象
苹果	想到了乔布斯在研究苹果手机
文理	
干部	已经深夜了，一位老人戴着眼镜伏案办公，特别认真
劳累	
问题	

最强大脑之忆菲冲天

"菲常"话语：大家是否发现，第一联想都是与自己有关联性的，和自己息息相关或者是自己熟悉的事物比较容易记忆。同时根据联想，我们更喜欢有色彩的画面，以及动作夸张搞笑一些，如果画面模糊的话也不能进行记忆，只有清晰地看到脑海中的画面才能运用文字表达出来。

> **举例**
>
> 想象一下你现在手里有一张很模糊的照片，很努力地想看清照片的图案，但是太模糊，看不清楚，你觉得很沮丧，所以希望照片变得清晰，突然间，照片按照你的想法变得非常清晰，你很开心，但你发现，照片居然是一张20世纪50年代黑白色的老照片，所以你再次沮丧，因为你喜欢彩色的，就像你绝对不会花80元钱到电影院去观看黑白版的3D变形金刚一样。由此可见，不仅图像要清晰，而且最好是彩色的。拿出你出游回来的照片，你会关注什么？大多数人第一关注的就是自己在哪里？人们都喜欢和自己有关的东西，同时如果你总是摆一个姿势照相，那样就会很死板，当人们看到那些夸张奇特的照片时就会心情愉快，所以人们在关己的同时还喜欢夸张的事物。

四 联想遵循的4个原则

1 清晰

第二章　超级联想法

② 色彩

③ 关己

注：可选择自己喜欢的形象

④ 夸张

41

五　四种联想配对方法

四种联想配对方法：主动出击、夸张搞笑、媒婆牵线、双剑合璧。

① 主动出击　　② 夸张搞笑　　③ 媒婆牵线　　④ 双剑合璧

① 形象词训练：勺子——酒杯

根据以上的联想方法，我们再来进行词组间的联想配对训练。

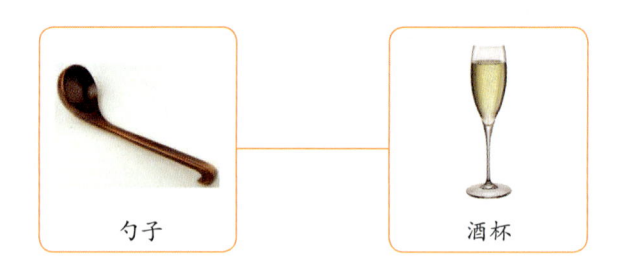

勺子 —— 酒杯

你第一时间的联想是否是用勺子喝酒杯里的酒呢？如果类似的话，就要注意啦，这种联想属于造句式联想，没有办法让它们的大脑达到长久记忆的效果，所以我们需要在联想的过程中加入一些动作，让它们生动起来，而这些动作就是记忆线索。接下来我们看一下，利用联想配对的四种方法是如何联想的呢？

方　法	联　想
主动出击	一个勺子打碎了成千上万的酒杯
夸张搞笑	勺子不停地在前面跑，一不小心撞到了酒杯，突然对它一见钟情
媒婆牵线	我拿着一个勺子当乐器，在敲打酒杯
双剑合璧	一个勺子形状的酒杯

第二章　超级联想法

配对训练：

足球　→　楼房　　　　西瓜　→　红领巾

你的联想：_____。　　你的联想：_____。

② 抽象词训练：宏观——危机

注意： 抽象词要先把文字进行转换后再进行联想，转换时应遵照上述文字转换原理。

方　　法	联　　想	绘　图
主动出击	一支红色的机关枪正对准一只灰色的鸡	
夸张搞笑	一个人带着红色的王冠在喂鸡	
媒婆牵线	我拿着一个红色的罐子在打微机	
双剑合璧	带着红色鸡冠子的飞机	

③ 训练升级

形象词训练：

大象　—　窗户　—　橡皮　—　猪　—　椅子　—　菜刀

43

最强大脑之忆菲冲天

抽象词训练：

抽象 → 微观 → 虚无 → 麻木 → 幻影 → 空气

了解完了如何系统有效地联想后，让我们再来看看四大记忆法中，联想法是如何运用的吧！

在生活、学习中，有很多琐碎的知识信息需要记忆，所以要学会归类，即数字、文字、声音、图片。而在这些知识信息中，都可以按照考题分类，比如单选、多选、判断、名词解释、简答题等。如果再归纳一下的话，就是两类：一类是只有一个固定答案的信息；另一类是有多个答案的知识信息。不管怎么分类，都需要进行有效的联想记忆，那么接下来就让我们看一下，不同的记忆信息应该运用什么样的记忆方法吧！

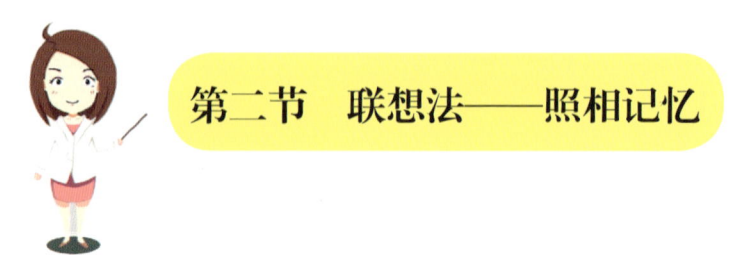

第二节　联想法——照相记忆

照相法就是把记忆信息像拍照一样，一个个串联在一起后再联想记忆。

应用范围：只有一个固定答案的信息（单选题、判断题、文学常识、自然科学等）。

一 成语记忆：唉声叹气

人们总是喜欢（　　）声叹气
A. 唉　　　　B. 哀

解读："唉"的意思是唉声，叹气声，因伤感忧闷、苦痛而发出叹息的声音。"哀"，悲伤。"唉声叹气"表示因失望或不满发出的感叹声，其中含有"伤感"的意思，但是不能理解成"哀伤的叹气"。

联想：用嘴巴叹气并发出声音就是唉声，唉有口字旁，就代表用嘴巴。要学会把问题和答案进行简单生动的联想，这样就不会忘记啦！所以正确答案：A。

二 名画记忆：清明上河图

清明上河图作者：张择端

记忆步骤：①摄取信息（理解、通读、了解清明上河图）。②处理信息，也

就是找关键词并转换图片（关键词：清明上河图——张择端）。③储存信息。

联想： 我把清明上河图张开后，又折（择）起来，然后端在手上送给了别人。

记忆百科： 清明上河图，中国十大传世名画之一。为北宋风俗画，宽24.8厘米，长528厘米，绢本设色。该画卷是北宋画家张择端仅见的存世精品，属国宝级文物，现藏于北京故宫博物院。作品以长卷形式，采用散点透视构图法，生动记录了中国十二世纪城市生活的面貌，这在中国乃至世界绘画史上都是独一无二的。在五米多长的画卷里，共描绘了五百五十多个各色人物，牛、骡、驴等牲畜五六十匹，车、轿二十多辆，大小船只二十多艘。房屋、桥梁、城楼等各有特色，体现了宋代建筑的特征，具有很高的历史价值和艺术价值。

三　古代科技记忆：灌溉技术

最早掌握原始灌溉技术是在夏朝

记忆步骤： ①找关键词。②转换成图片。③联想照相速记。

联想： 最原始的灌溉很费体力，费力就需要出汗，而夏天很容易出汗，所以最早掌握原始灌溉技术是在夏朝。

| 原始灌溉 | 夏朝 |

四　文学常识记忆：齐民要术

> 我国最早的农书是《齐民要术》

记忆步骤：① 找关键词。② 转换成图片。③ 联想照相速记：一早上有很多农民一起要书。

农书　　　齐民要术

五　历史知识记忆：六朝古都

> 被称之为"六朝古都"的城市是（　　）
> A.北京　　　B.南京　　　C.西安　　　D.洛阳

记忆方法：联想拍照法。

记忆步骤：把问题和答案出图串联速记。

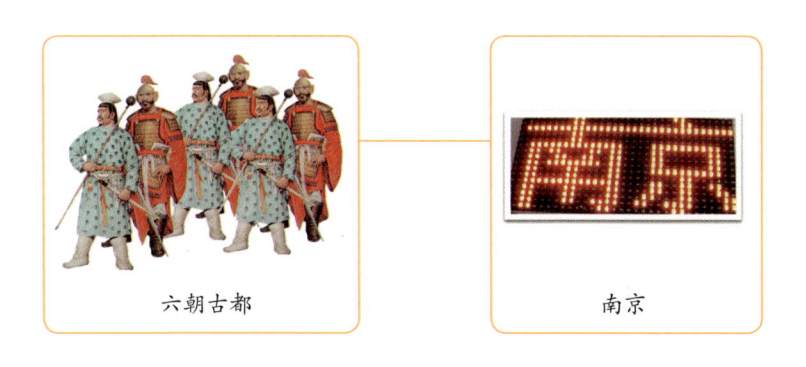

六朝古都　　　南京

联想： 把六朝古都想象成有六个朝代的人，南京可以联想到南京大屠杀，串联起来就是：南京大屠杀的时候有六个朝代的人一起穿越来帮助我们抗日。

记忆百科： 南京早在我国唐宋以前就被称为"六朝古都"。所谓"六朝"是指：东吴、东晋，以及南朝的宋、齐、梁、陈（史称六朝）。而后来的南唐、明、太平天国在南京建都，都不算在此六朝之中。所以答案为 B。

第三节　联想法——故事摄影记忆

故事摄影法一般适用于有多个固定答案的信息，如多选题、简答题等，但内容不要太多。

故事摄影法又分 3 类：① 情景故事法；② 逻辑故事法；③ 字头歌诀故事法。

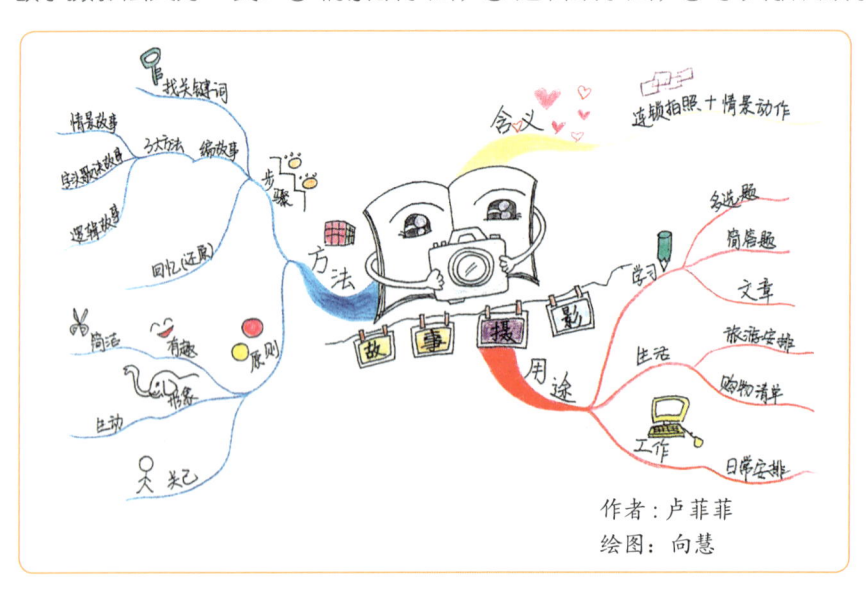

作者：卢菲菲
绘图：向慧

第二章　超级联想法

一　用情景故事法速记词组

要求把记忆信息串联成生动形象的画面，有场景、动作等情节后，再进行联想速记。

例：用情景故事法速记下面的中文词组。

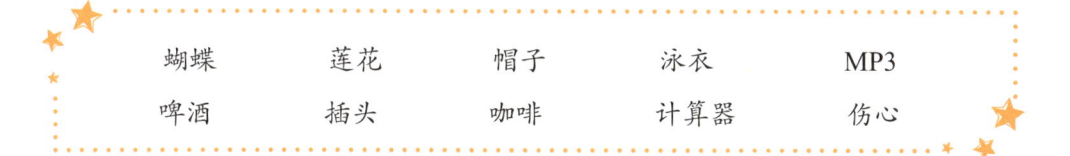

| 蝴蝶 | 莲花 | 帽子 | 泳衣 | MP3 |
| 啤酒 | 插头 | 咖啡 | 计算器 | 伤心 |

记忆方法：中文需要先进行转换出图（按照上面的文字转换原则进行转换）。

记忆步骤：①中文出图。②运用情景故事法串联中文词组速记。

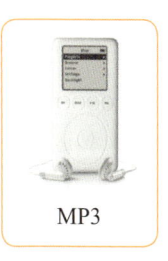

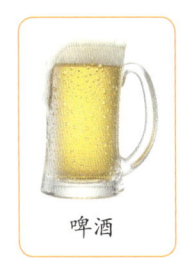

| 蝴蝶 | 莲花 | 帽子 | 泳衣 | MP3 |
| 啤酒 | 插头 | 咖啡 | 计算器 | 伤心 |

联想：一只小蝴蝶飞到了莲花上，它戴上帽子穿着泳衣，一边听着MP3一边喝着啤酒，突然发现MP3没有声音了，原来是插头掉了，对面走过来一位帅哥邀请它喝咖啡，它刚刚喝完，帅哥拿出计算器对它说一共消费500元，它非常伤心。

最强大脑之忆菲冲天

练习时间到：运用情节故事法速记下面的知识信息。

四书：《孟子》《中庸》《大学》《论语》

你的联想：_____。

五经：《诗经》《礼记》《春秋》《周易》《尚书》

你的联想：_____。

二　用逻辑故事法速记高尔基作品

逻辑故事法就是在情景故事法的基础上加上一定的逻辑思维，让故事变得更加有逻辑性。

注意：只要觉得合乎情理、有逻辑性、易记忆就可以了。

例：用逻辑故事法速记下面的知识信息。

高尔基的作品：《童年》《在人间》《我的大学》《母亲》《海燕》

记忆方法：逻辑故事法。

记忆步骤：文字出图。把出图后的文字编辑成有逻辑性的故事进行记忆，可以打乱顺序。

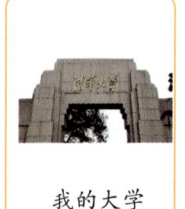

| 母亲 |  童年 |  在人间 | 我的大学 |  海燕 |

联想：高尔基的童年是在人间我的大学度过的，每天他的母亲都带着他看海燕。

第二章　超级联想法

> **练习时间到：** 用逻辑故事法速记下面的中文信息。
>
> 莫言的作品：《丰乳肥臀》《红高粱》《蛙》《酒国》《生死疲劳》《檀香刑》
>
> 你的联想：_____
>
> 唐宋八大家：唐代韩愈、柳宗元和宋代欧阳修、苏洵、苏轼、苏辙、王安石、曾巩。
>
> 你的联想：_____

"菲常"话语： 记忆知识信息的时候到底用故事摄影法还是用逻辑故事法其实没有多大区别，主要看记忆的人是什么记忆类型，是喜欢天马行空的想象，还是逻辑思维缜密，不同的人运用的联想偏重不同，不需要纠结用哪种，只要记住就可以。

三　用字头歌诀故事法速记东盟十国和历史朝代

字头歌诀，顾名思义就是把知识信息的首字编成故事进行速记。此方法比较适合速记一些历史朝代，或者国家名称等知识信息。

1 速记东盟十国

老挝	 马来西亚	 新加坡	 菲律宾	 越南
 泰国	 柬埔寨	 印度尼西亚	 文莱	 缅甸

我们利用字头歌诀故事法总结后就是：

老马新菲越　　泰柬印文缅

51

最强大脑之忆菲冲天

联想：一匹老马的一颗心飞跃（新菲越）了，它越过了一个太监（泰柬），这个太监正拿着印章盖在文缅上。

② 心飞跃（新菲越）
① 老马
③ 太监（泰柬）
④ 印（印尼）
⑤ 文缅

绘图：鞠冰鑫

② 中国历史朝代名

夏	商	周	春秋	战国	秦	西汉	东汉	三国	西晋
东晋	南北朝	隋	唐	五代十国	辽	北宋	金	南宋	元
明	清	民国	中华人民共和国

相对于传统速记硬背而言，儿歌速记也是一种方法，不过不易出图，记下来后容易忘记。但对于大部分学生来说也是一种好方法，总比死记硬背要好。今天我们尝试运用字头歌诀的方式速记，可以一遍就记下来。

夏商与西周，东周分两段
春秋和战国，一统秦两汉
三分魏蜀吴，二晋前后延
南北朝并立，隋唐五代传
宋元明清后，皇朝至此完

这是儿歌速记法，记不住啊！

第二章　超级联想法

> 瞎商周春秋　　　　站在琴上，
> 夏、商、周、春秋　　战国、秦
>
> 汗衫浸南北　　　　谁躺屋了在背诵？
> 西汉、东汉、三国、西晋、东晋、南北朝　　隋、唐、五代十国、辽、北宋
>
> 今送院　　　　　　明星命中！
> 金、南宋、元　　　明、清、民国、中华人民共和国

这是字头歌诀速记

联想： ① 一个瞎商，他叫周春秋，站在一架琴上，不停弹琴。

② 汗衫浸湿了南北（指南针）。

③ 突然听见谁躺在屋里了在背诵。

④ 今天赶紧把它送到医院，因为它是冥王星，不小心被箭命中了。

优势： 内容少、记得牢、易回忆、有情节。

瞎商周春秋，站在琴上

汗衫浸南北

谁躺屋了在背诵

今送院

明星命中

绘图：蔡艳

53

最强大脑之忆菲冲天

"菲常"解答

1. 如何提升联想能力？

答：想要提升联想能力可以通过快速数字训练来达到。除了数字、词汇记忆训练外，看童话和科幻故事也不错哦！

2. 对于文字的转换还是不熟悉，应该如何训练？

答：中文信息的速记是需要大量联想完成的，所以一定要训练中文词组的转换能力，多训练单独词语的成像能力，然后训练词组间的联想能力。

3. 记忆信息的时候首选哪种联想方法？

答：无论运用哪种联想方法，都要遵循化繁为简、图像串联记忆的原则，记住才是硬道理。

小结

联想是整个记忆法体系的基础，也可以说是所有记忆法的灵魂。无论你运用什么记忆方法，都需要结合联想法进行速记。

在运用字头歌诀速记时一定要注意，每一个字头一定要出图片，大脑是根据图片还原找寻记忆的，所以大家在记住后需要多次回忆，回忆的时候一定要出图片。

所有的知识点都由字词句组成，所以无论是什么知识点，都需要先化繁为简，然后出图后联想速记。

联想法记忆信息步骤：

① 化繁为简——寻找关键词并出图。

关键词需要运用文字转换的法则进行转换（替换、谐音、增减字、倒字、望文生义）。

② 然后在关键词之间进行联想（一般是问题和答案）。联想就需要运用四种联想方法（主动出击、媒婆牵线、夸张搞笑、双剑合璧）进行串联，并遵循四要素：清晰、色彩、关己、夸张。

③ 联想后要注意复习，一定要根据记的时候的线索进行回忆，并出图片。

记忆测评 2

运用联想故事法记忆下面的中文词组：

钢笔　猴子　魔方　鸡蛋　沙滩　苹果　自由　照片　对话　键盘
足球　沙发　空调　水池　老虎　花瓶　买卖　戒指　人鱼　高兴

运用联想拍照法记忆下面的世界之最：

世界上最深的湖泊是<u>贝加尔湖</u>　　世界上最长的公路是<u>泛美公路</u>
世界上最长的裂谷带是<u>东非大裂谷</u>　　世界上最大的盆地是<u>刚果盆地</u>

思维风暴

一笔画

下面的图形是笔不离开纸面一笔画下来的，并且线条不能重复画。你能做到吗？(答案在本书找)

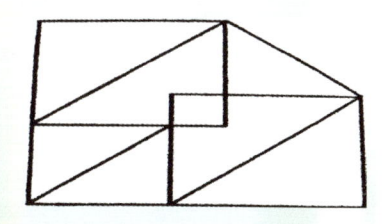

第一章答案：

按照下图中的排列方式，你会发现，所有的钉子都会彼此相触。

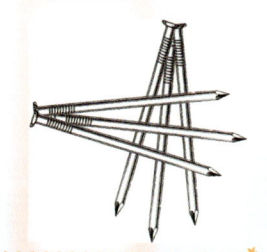

第三章

绘图记忆法

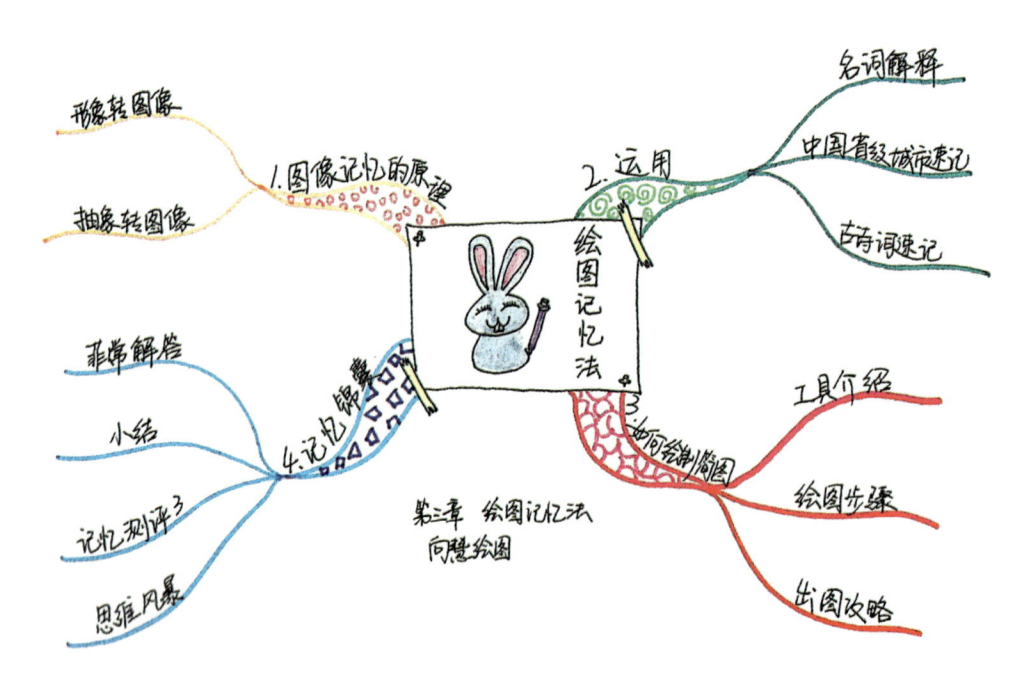

我们所接触的知识信息本身就是一种图片的转换，万事万物，所触所感均是图片，所以我们要做得就是返璞归真，把所有要记忆的信息转换成图片进行记忆。

你肯定会说，有些信息没办法转成图片啊？其实所有的信息都可以，回想一下在前面的联想章节介绍过，文字转换就是能出图的直接出图，不能出图的进行转换，转换的原理就是替换、谐音、增减字、倒字、望文生义，所以不要担心自己不会，这一刻敢于动笔绘制才是最关键的。

开启童年涂鸦时代，认真学习今天这一章节的内容，你会发现原来你天生就是一个画家！无论有没有绘画基础，你都可以通过这一章节的讲解，快速掌握绘画技巧。

什么是绘图记忆法？

绘图记忆就是把文字、数字、声音类的知识信息转换成图片进行记忆，而转换的图片是通过我们的认知理解亲手绘制出来的。

绘图记忆法的好处：

- 把短时记忆变成长时记忆，便于后期复习。
- 增强学习的兴趣，把枯燥的信息变成生动形象的画面速记下来。
- 发现自己的才华，增强自信心。
- 更好地进行亲子互动，感受到绘画记忆给家人带来的快乐。

第一节　图像记忆原理

我们不讲又长又难理解的定义，直接以《哈利波特》故事的片段为例，相信

最强大脑之忆菲冲天

看完你就会知道，我们为什么要用图像来记忆啦！

文字版

　　罗恩颤抖地取出信，抚平，撕开。尼维尔将手指塞进了耳朵。一眨眼的工夫，哈利就明白了。他还以为信爆炸了，一个愤怒的声音充斥着整个大厅，甚至把天花板上的灰尘都震掉了。

　　"……你竟然敢偷那辆车，如果他们把你开除的话，我一点也不会感到惊讶。如果让我抓到你，你就有好瞧的，这全怪你，是你的错。我想你从来没想过爸爸妈妈发现汽车不见了，会怎样担心……"

　　威斯里太太的声音比平常放大了起码一百倍，在空中嚎叫着。

　　桌子上的碟子和勺子被震得上下跳动着，石头墙反弹回来的声音也是震耳欲聋。

　　大厅里的人都转过身来看是谁收到了咆哮弹，罗恩瘫坐在椅子上，恨不得把整个人缩成一团，不让羞红的脸被别人看见。

图像版

显而易见，图像的方式更有效率，看得快，好理解，印象深！

　　由上一节的讲解，我们更清楚地了解了人脑对于图像的反应速度快到我们自己都无法想象，而清晰程度也远远大于文字，所以我们只需要将所要记忆的一切中文信息转换成形象的图像就可以了。

从文字转换的角度来看，中文信息可以分为两类：一类是形象的，另一类是抽象的。形象的非常容易，比如名词，直接转换成你所熟悉的图像就好了。抽象的呢？也比你想得容易，只要掌握了转换的法则，记忆它们就像是看动画那样轻松有趣。

还等什么呢？让我们开始转换吧！

一 形象转图像

提到香蕉这个词，你会想到哪一个图呢？当然是第二个！没错，像这种看到形象词，我们在头脑中就能想象出它对应实物的样子就是形象词转具体图像。

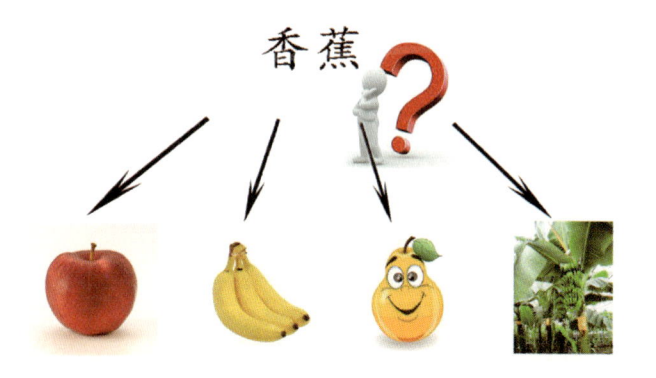

二 抽象转图像

生活中除了形象词，有更大一部分的词是抽象词。它们可能是形容词、副词、助词、介词，也有可能是你不知道的名词。当我们遇到它们，可以微微一笑，用抽象转图像的法则来"招待"它们就好啦！

例如：

| 信用 | 高兴 | 传呼 | 泰国 | 四通八达 |
| 一定 | 金融 | 危机 | 市场 | 雪白 |

最强大脑之忆菲冲天

此处需要敲黑板呦！形象化转换法则：① 替换；② 谐音；③ 增减字；④ 倒字；⑤ 望文生义。

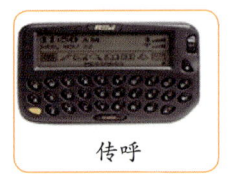

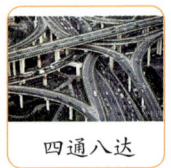

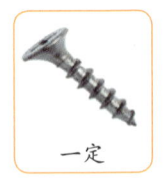

| 信用 | 高兴 | 传呼 | 泰国 | 四通八达 |

| 一定 | 金融 | 危机 | 市场 | 雪白 |

同一个词也会有多种转换方式，只要你愿意，下面的转换游戏不仅好玩，更能提升你的想象力哦！

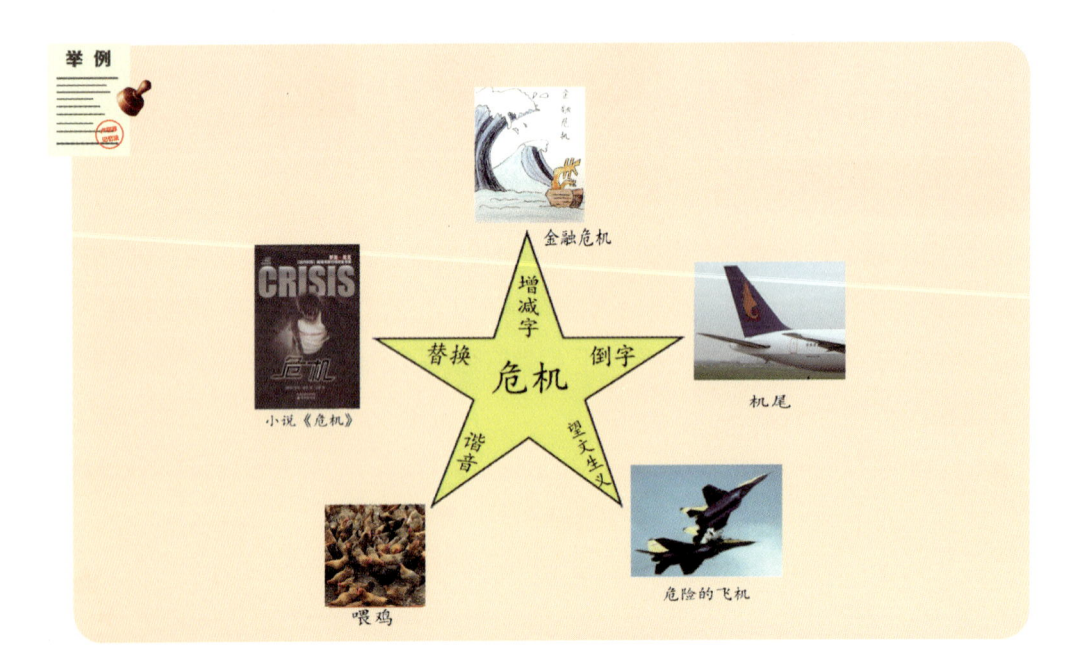

举例

金融危机
小说《危机》　替换　倒字　机尾
危机
谐音　望文生义
喂鸡　危险的飞机

大家也来试试吧!

（五角星图：信用 — 增减字、替换、倒字、谐音、望文生义）

（五角星图：泰国 — 增减字、替换、倒字、谐音、望文生义）

（五角星图：金融 — 增减字、替换、倒字、谐音、望文生义）

（五角星图：雪白 — 增减字、替换、倒字、谐音、望文生义）

第二节　绘图记忆法的运用

一　名词解释：名词绘图新鲜出炉

开始出题：请尝试记忆如下内容。

生产力：生产力是一种能力，是人类征服自然、改造自然获取物质生活资料的能力。

生产力三要素：劳动者、劳动工具、劳动对象。

分析：这是一个概念题，类似于名词解释。由于所阐述的内容比较容易理解，特别是生产力三要素很容易出图，所以本题可以用绘图法来记忆。

记忆方法：绘图记忆法。

记忆步骤：①选取关键词：生产力（人征服、改造、资料）；三要素（劳动者、工具、对象）。②关键词绘图联想记忆。③核对原文复习记忆。

绘图：向慧

现在一起回忆一下吧！

提示：像这种信息量少，通俗易懂的知识点我们可以用简图法来记忆，有时也会用关键词故事联想法记忆。无论是哪种方法，复习记忆都很重要！

二　中国省级城市速记：字头歌诀混搭绘图法

开始出题：请尝试记忆如下内容：

23个省：黑龙江省、吉林省、辽宁省、江苏省、山东省、安徽省、河北省、河南省、湖北省、湖南省、江西省、陕西省、山西省、四川省、青海省、海南省、广东省、贵州省、浙江省、福建省、台湾省、甘肃省、云南省

5个自治区：内蒙古自治区、宁夏回族自治区、新疆维吾尔自治区、西藏自治区、广西壮族自治区

4个直辖市：北京、上海、天津、重庆

2个特别行政区：香港特别行政区、澳门特别行政区

分析： 4个直辖市都是比较熟悉的，所以运用口诀的方法"晶晶护鱼"就可以速记下来了。2个特别行政区也非常熟悉，就不进行记忆了，其他的内容比较多，我们就运用字头歌诀和绘图的方法速记。

记忆步骤： ①记忆信息化繁为简，字头歌诀：黑极了，是云贵，江湖河山广，林青侠，甘心西海抬着蒙安福。②绘制图画记忆。

| 黑极了 | 是云贵 |

| 江湖河山广 | 林青侠 | 甘心西海抬着蒙安福 |

绘图：蔡艳

联想： Hello，小伙伴们，大家好，我长得黑极了，名字叫云贵。有一天我误入了江湖，发现江湖好宽广。突然看见了林青侠（我的小心脏啊），她心甘情愿地帮助西海龙王抬衣服（是一套内蒙的服装），龙王不好意思，就自己抬着，还安抚（安福）她说谢谢。

记忆还原： 黑极了（黑龙江、吉林、辽宁），是云贵（四川、云南、贵州），江湖河山广（江苏、江西、湖南、湖北、河南、河北、山东、山西、广东、广西）

最强大脑之忆菲冲天

林青侠（宁夏、青海、陕西），甘心西海抬着蒙安福（甘肃、新疆、西藏、海南、台湾、浙江、内蒙古、安徽、福建），晶晶护鱼（北京—京，天津—津，上海—沪，重庆—渝）

三 古诗词速记：借《登幽州台歌》小露一手

开始出题：请尝试记忆以下内容：

《登幽州台歌》

唐·陈子昂

前不见古人，后不见来者。

念天地之悠悠，独怆然而涕下。

绘图：向慧

注：关于诗词、文言文、文章的记忆会在后面实操记忆章节系统讲解。

绘图记忆可以记忆任何想要记忆的信息，只要你敢动笔亲自绘图就可以，可能有些小伙伴会有疑惑：如果自己不会画图怎么办？没有关系，接下来就与大家分享一下，如何迅速成为绘图记忆法高手。

第三节　如何绘制简图

一　画图工具

画图工具包括：铅笔（或彩色铅笔）、橡皮，之所以选择彩色铅笔，原因是好把握，错了可以擦掉，还可以选择水彩笔和马克笔。

二　画图步骤

明白需要记忆内容的意思→出图→中性笔描绘轮廓→彩色铅笔上色→红笔标注记忆文字→署名及时间。

三　出图攻略

1　直接出图

形象且容易出图的词可直接出图，如太阳、星星、房子、耳朵……

最强大脑之忆菲冲天

2 局部出图

比较复杂的物体，可选择有代表性的、方便找回自己记忆点的部位出图，如龙、虎、羊……

龙　　虎　　羊

3 同音替换、方便记忆

对于不好出图的词，也可以采用同音替换的方法，例如：

山花"异人间"→山花"一人间"　　玉"液"→玉"叶"

4 谐音出图

对于不好出图的词，还可利用谐音词来代替。

注意：此法应在正确理解的基础上应用。

"出" → "粗"

5 同图不同色表示不同含义

同样的图形可用来表示不同的含义，此时可用不同颜色来区分，如红色圆圈表示太阳；黄色圆圈表示与"明亮"相关的意思。

6 虚词实化

很多虚词不方便记忆，可将其转换成具体实物的方式来代替，比如"偶然"，可直接转换成一只燃烧的藕。

7 固定图像出图

类似的事物出图，如湖、海、江，可以将颜色和图像固定下来，形成固化思维，例如：湖（扁豆状、月牙状，默认蓝色），海（边界线不封死，默认蓝色），江（飘带长条状，默认黄色）。也可以根据文中的颜色界定，如青海就是青色的海。

| 湖 | 海 | 江 | 青海 |

在特殊情况下，蓝色、线性的也表示海，不过要前期自己定义把握好，灵活处理即可。

最强大脑之忆菲冲天

8 画图方位说明

大家可以采取自己熟悉的方法来布局图画的款式。常用的方法有定位桩法、漫画法、四幅图法和顺序法。

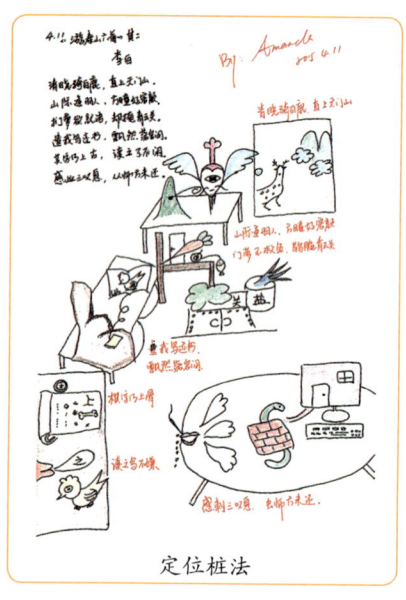

定位桩法

漫画法

四幅图法

顺序法

绘图：刘玲

"菲常"解答

1. 不敢画，总说自己不会画画，或者说自己画得太丑怎么办？

答：万事开头难，若没做就说难，那不是绘画难，而是难在你认为很"难"，其实只要绘制一些基本的线条就可以很好地运用绘图记忆法进行记忆了，尝试绘制下面的内容，动笔试一试，是不是很简单？买一本简笔画大全尝试一下，很快就可以学会的，要相信自己。

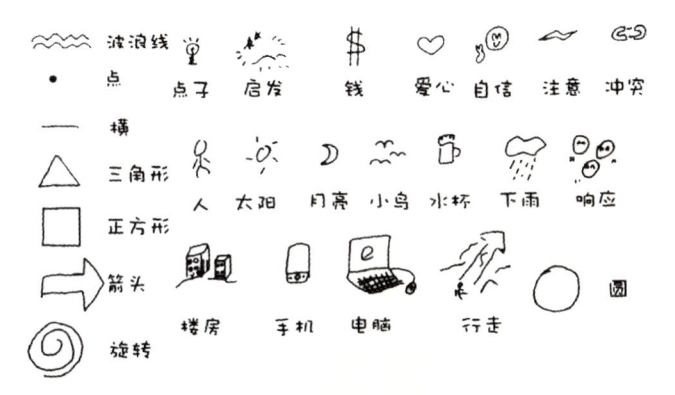

2. 不知道文字信息如何绘画。

答：还记不记得前面讲解联想记忆的时候说过文字信息出图的方法，只要绘制出看到这个文字时脑海中浮现的画面即可，如果不是很会画，可以从网上搜索你想象出来的画面关键词，然后先临摹，再创作，反复几次就可以轻松绘制脑海中的画面了。这种训练也可提升照相记忆能力，让你想象的画面更加清晰具体。

小结

绘图记忆法的重点在于把文字转换成想象中的画面，并绘制出来。正所谓勤能补拙，没有什么不会画、画不好之说，只要你肯多动手、多看图、多总结、敢于尝试，一定可以快速掌握这种方法，同时可以在我们的互动平台上与小伙伴相互讨论，这样才能激发灵感。

最强大脑之忆菲冲天

记忆测评 3

运用绘图法

1. 桌子上空空的，肚子好饿，试着绘制一桌美味的菜肴填饱肚子吧！**要求**：必须绘制鱼、青菜、水果盘、饮品、碗筷。

2. 孤零零的小房子很冷清，赶快让它的周边热闹起来吧！**要求**：必须绘制人物、动物、植物、车辆。

思维风暴

给你一支铅笔以及一张比这个圆圈大的正方形纸板，让你找出这个圆圈的中心点。如何操作呢？这个做起来要比看起来简单！你有5分钟的时间寻找解决方法。

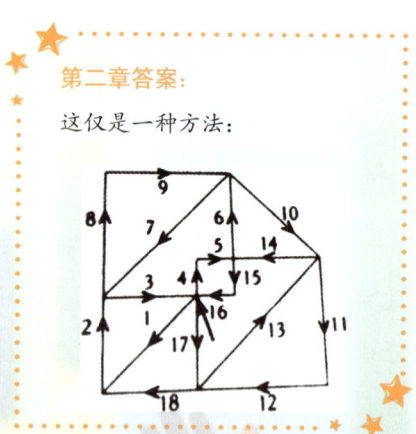

第二章答案：

这仅是一种方法：

第四章

数字记忆法

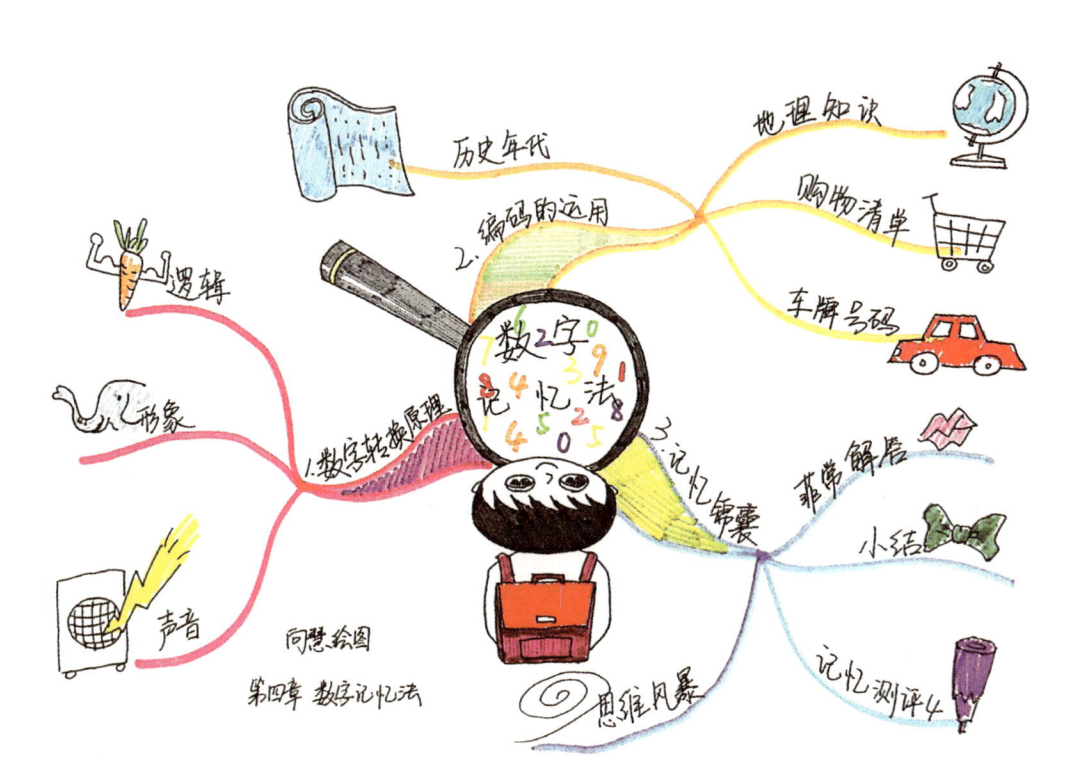

最强大脑之忆菲冲天

在生活、学习、工作中会出现许多的数据信息，这些数据信息往往非常枯燥乏味，没有记忆方法的人第一眼看到繁杂混乱的数字就不想去记忆，那是因为数字没有规律，不易记忆。如果你掌握了科学有效地速记数据的方法后，就可以轻松面对各种各样的数据信息，生活也会因掌握了数字信息的记忆而变得更加便捷，接下来让我们一同探寻数字记忆法的奥秘吧！

在四种记忆信息中，数字是最难记忆的，如果把数字记忆挑战成功的话，那么就没有记不住的信息了，数字要如何记忆呢？其实很简单，尝试把每一个数字对应一个画面，这个画面就是这个数字唯一的编码，这样以后再记忆数字的时候，就可通过图片回忆这个数字了。

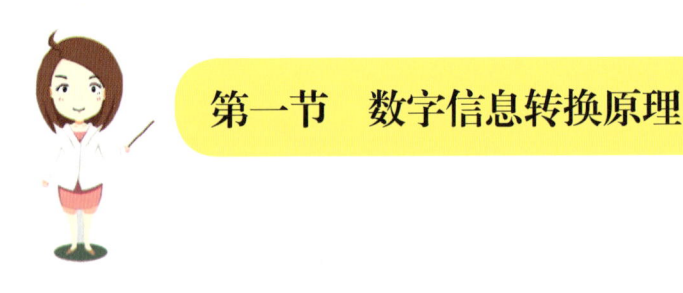

第一节　数字信息转换原理

数字记忆就是把每一个数字转换成图片编码后再进行联想速记。

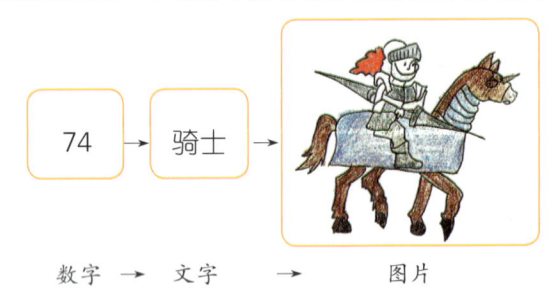

74 → 骑士 → 🖼

数字 → 文字 → 图片

所以要掌握数字法记忆，首先要掌握数字编码表，小伙伴们速记一下下面的数字编码表吧（扫描旁边的二维码即可观看视频版数字编码记忆讲解）。

扫描二维码，回复关键字"数字编码"可观看视频

72

第四章　数字记忆法

数字	编码	数字	编码	数字	编码	数字	编码
01	小树	26	河流	51	工人	76	汽油
02	铃儿	27	耳机	52	鼓儿	77	机器（人）
03	凳子（3条腿）	28	恶霸	53	乌纱帽	78	青蛙
04	轿车（4个轮）	29	饿囚	54	青年	79	气球
05	手套（5手指）	30	三轮车	55	火车（呜呜）	80	巴黎（铁塔）
06	手枪（6子弹）	31	鲨鱼	56	蜗牛	81	白蚁
07	锄头（形状）	32	扇儿	57	武器	82	靶儿
08	溜冰鞋	33	星星（闪闪）	58	尾巴	83	芭蕉扇
09	猫（有9命）	34	三丝	59	蜈蚣	84	巴士
10	棒球	35	山虎	60	榴莲	85	保姆
11	楼梯	36	山鹿	61	儿童	86	八路
12	椅儿（椅子）	37	山鸡	62	牛儿	87	白旗
13	医生	38	妇女（妇女节）	63	流沙	88	爸爸
14	钥匙	39	山丘（3角形）	64	螺丝	89	芭蕉
15	鹦鹉	40	司令	65	绿壶	90	酒瓶
16	石榴	41	蜥蜴	66	溜溜球	91	球衣
17	仪器	42	柿儿	67	油漆	92	球儿
18	糖葫芦（形状）	43	石山	68	喇叭	93	旧伞
19	衣钩	44	蛇（嘶嘶叫）	69	太极（形状）	94	首饰
20	香烟（1盒烟）	45	师父	70	麒麟	95	酒壶
21	鳄鱼	46	饲料	71	鸡翅	96	蝴蝶
22	双胞胎	47	司机	72	企鹅	97	旧旗
23	和尚（2僧）	48	石板	73	花旗参	98	酒杯
24	闹钟（24小时）	49	湿狗	74	骑士	99	舅舅
25	二胡	50	武林高手	75	西服	00	望远镜

最强大脑之忆菲冲天

说明：数字编码系统是全脑基础训练的最重要部分。数字和代码的转换是通过三种方式实现的：谐音、逻辑、形象。其中80%以上都是通过谐音转换。工欲善其事必先利其器，所以请你付出点时间和耐心，全力以赴地记住数字编码，智慧成就梦想！

数字编码的记忆方法与步骤如下。

方法：根据谐音、逻辑、形象的转换进行出图记忆。

步骤：① 熟悉编码：如01 闭上眼睛想象成一棵小树的图像；02 想象成一个叮叮当当的铃儿；03 想象成一个三条腿的小凳子；04 想象成一辆4个车轮的奥迪汽车；闭上眼睛试着回忆01~04代码，是否能勾勒出相应的图像。如果可以，以此类推记忆01~00数字代码。② 对照修正：整体对照出图记忆完整后，尝试闭上眼睛从01~00开始回忆编码，如果有回忆不起来的做好标记。③ 重点攻克：不熟悉的编码再一次复习，做到快速对应数字出图像。

注：① 代码出图遵循原则（图像清晰、有颜色、关己、夸张）。② 上述所标记的代码与图片为常用编码，如果觉得个别代码不好出图，可以自行更改适合的图片，但更改数目切莫超过10个。

第二节　数字编码表的运用

一　历史年代速记

① 1938年台儿庄战役

记忆方法：联想照相法（适合只有一个固定答案类的记忆信息）。

第四章 数字记忆法

记忆步骤：① 关键词转换图片。② 1938 想象成妈妈抬着衣钩做的担架，不可能是 3819 年，所以倒过来就可以了。③ 台儿庄战役，可以谐音，抬着受伤的儿子回庄园，因为战役打响了。

联想：妈妈（38）们用衣钩（19）做成担架，抬（台）着战场上受伤的儿子回到庄园。

2 1818 年 5 月 5 日 卡尔马克思出生

记忆方法：联想照相法。

记忆步骤：① 1818 谐音，想成一巴掌一巴掌。② 卡尔马克思，想成一匹思考的马。

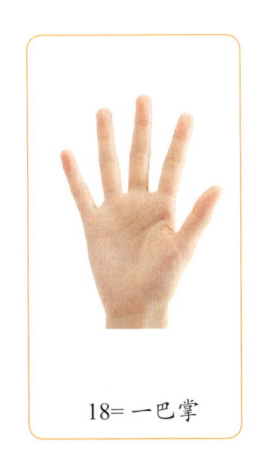

18=一巴掌

卡尔马克思=一匹思考的马

75

最强大脑之忆菲冲天

联想：你左一巴掌右一巴掌打在了一匹思考的马身上，打完后它呜呜大哭，都哭出声了，就是1818年5月5日卡尔马克思出生了。

二 地理知识速记

1 我国第一大河长江有6300千米

记忆方法：联想照相法。

记忆步骤：① 长江要出现长江大桥或者旁边出现一个黄鹤楼，这样有特点一些。② 63 想成流沙。③ 00 可以想成是望远镜。

联想：在长江里面有很多采沙船，他们把沙子扬到了船上的望远镜上。

绘图：向慧

2 世界上最深的峡谷雅鲁藏布大峡谷深6009米

记忆方法：联想照相法。

记忆步骤：① 脑海中出现一个很深的大峡谷。② 雅鲁想成一个高雅的鹿。③ 藏布想成一块产自西藏的布。④ 6009 想成一个榴莲和一只猫。

联想：在一个大峡谷的上面，有一只高雅的鹿，拿着一块产自西藏的布，包裹着一个榴莲，然后砸向了谷底，不小心砸到了谷底的一只猫。

注意：当熟悉了数字联想训练后，就可以很好地速记任何学科的数据信息，在记忆的时候一定要根据自身的喜好进行联想，同时注意创建回忆线索，最好记忆的时候拿铅笔做标注说明，这样便于后期回忆复习。开始联想记忆的时候会觉得没办法很好地联想，一头雾水，这个很正常，大脑训练多了，自然记忆路径就打开了，熟能生巧，所以加油啦！

三　数字记忆购物清单

开始出题：妈妈让你帮她买东西，需要购买的物品如下。

| 南瓜 | 萝卜 | 西瓜 | 啤酒 | 一次性杯子 | 卫生纸 |
| 牙膏 | 面包 | 交话费 | 储物柜寄存物品 | | |

思考：因为要记忆的信息超过7个，可以选择编故事或者是记忆宫殿的方法，这里我们选择运用数字记忆宫殿的方法进行记忆。不管是什么方法，都需要先处理一下记忆信息，所以首先要把上面的文字出图，然后再联想速记。

记忆步骤：① 给这些物品排序，一共10个，所以就用1~10数字编码构建记忆宫殿。② 把数字编码与物品分别出图后进行联想速记。

序号	购买物品	出图	联想	图片
1	南瓜		一个南瓜里面有一根蜡烛，就变成了南瓜灯	
2	萝卜		一只小鸭子叼着一根萝卜吃得津津有味	

最强大脑之忆菲冲天

（续表）

序号	购买物品	出图	联想	图片
3	西瓜		猪八戒在啃西瓜（3像耳朵，就想成猪八戒的耳朵）	
4	啤酒		坐在帆船里面喝啤酒，喝得醉醺醺的	
5	一次性杯子		用钩子钩到了一个一次性的杯子	
6	卫生纸		拿手枪瞄准卫生纸，开了很多枪	
7	牙膏		用镰刀把牙膏割碎了	
8	面包		眼镜上长满了面包	
9	交话费		加菲猫煲电话粥，结果没有话费就去充话费了	
10	储物柜寄存物品		用棒球把储物柜砸碎后，把里面的东西拿了出来	

四　数字记忆车牌号码

很多人在乘坐出租车的时候，经常会遗忘重要的东西，但因为没有记住车牌号码最终没办法找回，损失惨重。这里就与大家分享一个速记车牌号码的方法，你可能会说现在都有打车软件，不需要记忆了，但我们还是可以掌握这种能力，一旦需要的时候就可以马上用到。

例：京 A WH650。

记忆方法：数字联想方法。

记忆步骤：① 京 A 想成鲸带着一顶帽子（A 想成一个帽子的形状）。② WH 想成一个锯和一把椅子。③ 65 想成一个绿壶，0 想成一个鸡蛋。

| 鲸顶着帽子 | 锯椅子 | 绿壶和鸟蛋 |

联想：副驾驶拿着一个锯，正在锯司机的椅子，司机吓得在座位下的绿壶里下了一个蛋。

很多脑力爱好者之所以拥有惊人的记忆能力是因为有科学有效的训练，训练

最强大脑之忆菲冲天

数字就是最好的健脑操，想进一步增强记忆力的小伙伴可以训练一下，下一个最强大脑有可能就是你。

本节测试：

数字编码

鹦鹉		耳机			扇儿	
15	25	27	78	89	32	16

学科速记

_____年___月___日　卡尔马克思出生

_____年台儿庄战役

我国第一大河长江有_____千米

世界上最深的峡谷雅鲁藏布大峡谷深_____米

购物清单

序号	购买物品	序号	购买物品
1	南瓜	6	
2		7	牙膏
3	西瓜	8	
4		9	
5		10	

第四章 数字记忆法

"菲常"解答

1. 什么是数字记忆法？

答：数字记忆就是把每一个数字转换成图片编码后再进行联想速记。

2. 数字记忆法的用途有哪些？

答：可以记忆学科知识，如地理、历史等所有学科或考试中的数据信息；可以速记生活中的信息，如生日、账号、密码等信息。可以作为记忆宫殿速记购物清单或整书记忆；可以作为训练大脑的记忆工具，快速提升想象力、创造力。

3. 如何运用数字记忆法记忆？

答：① 熟记数字编码，看到任何一个数字都可以快速反应图片。② 学会转换数字，根据自身的联想喜好，把知识点中的数据信息和中文信息分别出图后联想速记。③ 在记忆的过程中一定要遵循记忆的原则，要清晰具体，尽量可以生动、夸张、关己，创建回忆线索后才能更好回忆。

数字编码要固定，一定要有特征。在进行学科知识速记的时候，要标注联想的画面，以便后期复习。数字训练是整个全脑学习体系最重要的一块内容，相当于训练武术里面的站桩，所以基础打牢靠了，后面才能迅猛进步。

小结

本节主要讲解的是四大记忆法中的数字记忆方法，重点要了解什么是数字记忆法，在什么情况下运用数字记忆法进行记忆，也就是数字方法的用途，以及如何运用数字方法进行记忆。

最重要的是，先把100位数字编码记忆熟练，不然就没办法运用数字记忆法了。

记忆测评4

1. 记忆如下内容。

1776年，美国宣布独立。1848年，《共产党宣言》发表。

1850年，中国太平军起义。1903年，美国的莱特兄弟发明飞机。

1911年，爆发辛亥革命。

最强大脑之忆菲冲天

2．运用数字桩 11～20 记忆下面中文词组。

| 11 记忆：桃子 | 12 记忆：水杯 | 13 记忆：草地 | 14 记忆：购物车 | 15 记忆：裙子 |

| 16 记忆：大象 | 17 记忆：保安 | 18 记忆：机器人 | 19 记忆：马桶 | 20 记忆：手表 |

思维风暴

添加加减号

同学们，现在注意了，卢菲菲老师要上数学课了，如果你在等式左边的某些数字中间添加两个减号和一个加号，就可以得出一个正确的数学表达式，并且可以使结果等于100。你们要在这堂课结束之前把符号放在正确的位置。

$$123456789=100$$

第三章答案：

把这个正方形纸板的任意1个角的顶点放在这个圆圈内边的任意1点。在A点和B点（即正方形与圆圈相交的两个点）做两个标记（参见图1）。把纸板当直尺，将A，B两点连接。然后，用正方形的这个角的顶点放在这个圆圈内边的另外1点，并重复刚才的步骤，在另外的两个交点，即C，D两点做标记（参见图2）。将C，D两点连接。这样，这个圆圈的中心点就是线段AB和线段CD的交点（参见图3）。

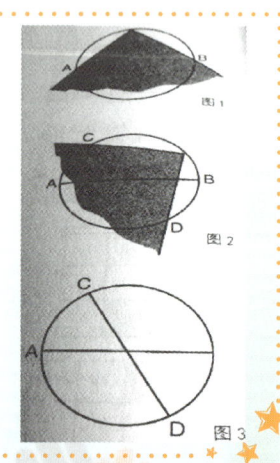

第五章

记忆宫殿法

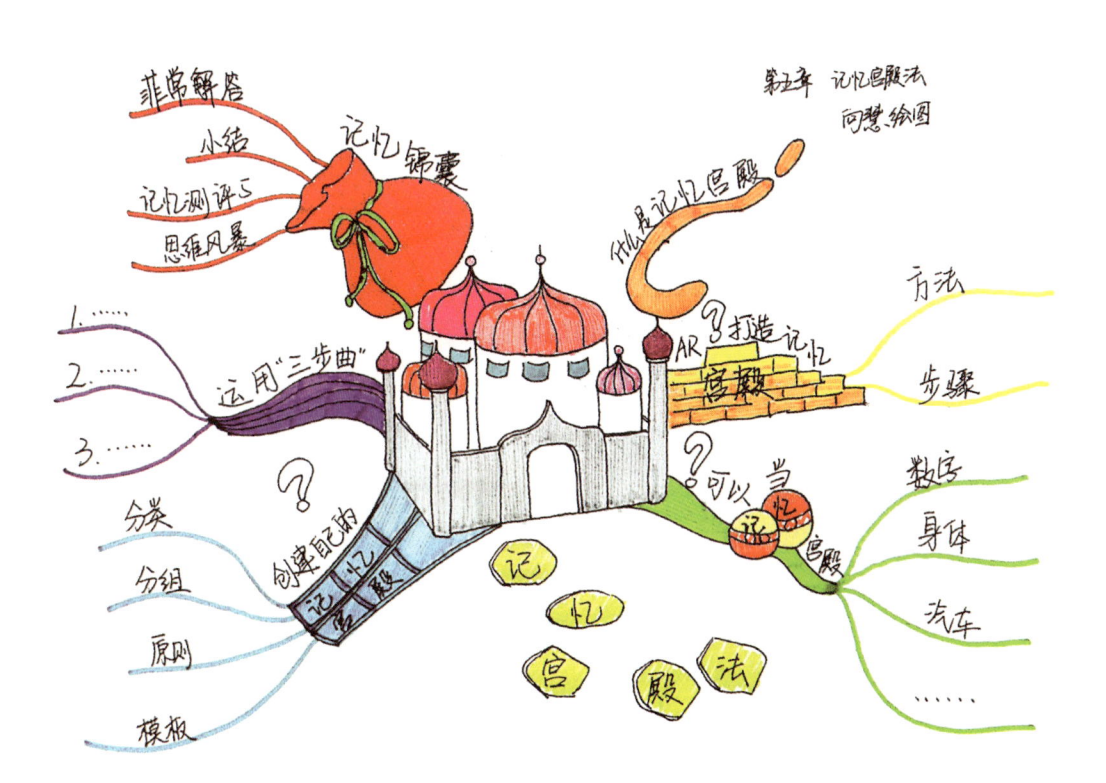

最强大脑之忆菲冲天

你是否因为知识点过多而不能完全记忆？是否考试的时候无法回忆起全部知识信息？是否因看到大量需要记忆的信息而头痛不已？其实任何问题都是有解决方案的，根据前几章所讲的内容大家应该很清楚，不同的知识信息所运用的方法不同，针对简答、论述、文章、演讲稿、整书记忆等大量的知识信息，我们一般会选用记忆宫殿这个工具，可瞬间提升记忆10倍以上呦！

第一节　什么是记忆宫殿

记忆宫殿好比储物柜一样，可以把要记的知识信息分门别类地放进大脑储物柜，这样回忆的时候就可以很快通过储物柜提取出知识信息，而这个储物柜就被我们称之为记忆宫殿。

其实大量的知识信息好比房间里面的衣物，如果没有合理的规划，那么当需要时就会发现非常杂乱，要花费很长时间才能找到。如果衣服在被整理时就分门别类地放在不同的收纳间里，那么在后期找寻的时候就会非常快速，而且看起来也耳目一新。

整理前　　　　　整理后

扫描二维码，回复关键字"记忆宫殿"可观看视频

也就是说，如果你想把大量信息归纳整理好的话，就需要有足够大、足够多的存储空间，那么如何打造我们大脑的存储空间呢？接下来就让我们一同动脑打造属于自己的大脑记忆宫殿吧！

第二节　如何打造大脑记忆宫殿

大脑记忆宫殿最大的好处就是可以快速准确地查找知识信息，就像图书馆里的搜索引擎一样，你只要在搜索引擎上面输入关键词，就可以快速筛选出你要的书籍。

快速检索

精准定位

小伙伴们，那我们就快操练起来：按顺序快速记忆下面的中文词组。

| 网球 | 太极拳 | 自行车 | 溜冰鞋 | 面包 |
| 高尔夫 | 潜水 | 跆拳道 | 乒乓球 | 篮球 |

记忆方法：这里的知识信息已经超过 7 个，并且需要按照顺序记忆，所以我们就选择运用房间记忆宫殿的方法进行记忆。

记忆步骤：① 选择一个房间的记忆宫殿图，在房间里面找到 10 个固定的地点作为桩子：❶门；❷厨房；❸电视；❹阳台；❺沙发；❻餐桌；❼床；❽衣柜；❾卫生间；❿课桌。② 把记忆信息出图后分别与每一个地点上的画面进行连接速记，记忆的时候要创建回忆线索。

最强大脑之忆菲冲天

① 门——网球
手拿网球把门打碎了

② 厨房——太极拳
在厨房打太极拳（旁边还有一个太极八卦炉）

③ 电视——自行车
在客厅骑自行车不小心撞上了电视机（电视机太无辜了）

④ 阳台——溜冰鞋
在阳台溜旱冰差一点掉到楼下

⑤ 沙发——面包
在沙发上吃面包，掉了很多的面包渣

⑥ 餐桌——高尔夫
在餐桌上打高尔夫不小心把碗筷都打碎了

⑦ 床——潜水
突然发现床变成了水床，里面居然有人带着潜水镜在潜水

⑧ 衣柜——跆拳道
打开衣柜突然发现居然有两个人在打跆拳道，其中一人正在抬腿

⑨ 卫生间——乒乓球
坐在马桶上正打着乒乓球

⑩ 课桌——篮球
在课桌上放一个篮球筐，学习前先打会儿篮球

最后的效果图

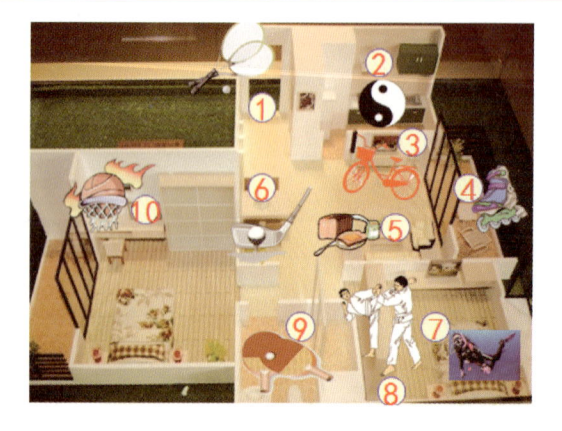

86

尝试回忆一下吧!

门	厨房	电视	阳台	沙发
餐桌	床	衣柜	卫生间	课桌

是不是发现其实记忆这些信息也是非常容易的,而且完全可以顺记或倒记,还不会出错,只要保证地点桩的顺序正确,再结合你的联想,那么再多的知识都可以全部拿下。

注意:感受一下自己在回忆的时候脑海中的回忆路径,是图片还是文字,只有真正了解了自己的回忆路径才能更好地帮助自己记忆。

第三节　什么可以当记忆宫殿

现在你已经了解了记忆宫殿的优势,那么接下来就看一下,哪些可以作为记忆宫殿帮助我们记忆知识信息吧!

一　用数字宫殿速记一百单八将

前面我们运用数字记忆宫殿记忆购物信息,现在我们运用数字记忆宫殿速记水浒传一百单八将中的3位:宋江、卢俊义、吴用。

记忆方法:数字记忆宫殿法＋绘图法。

记忆步骤:① 人物名字转换出图。② 人物封号转换出图。③ 把转换后的人名和封号与数字桩结合记忆。

最强大脑之忆菲冲天

注意：联想时一定要生动，回忆的时候观察自己是通过什么画面或动作回忆起记忆信息的，这点很重要。连接动作要简洁、生动，避免繁杂冗长的联想。

绘图：蔡艳

剩下的人物，若小伙伴们感兴趣可以自行联想，不同的知识信息运用不同的记忆方法，大家要学会举一反三。

二　用身体宫殿速记十二星座

身体定位桩不建议找太多，一般10个左右比较适合，可以记忆古诗词以及一些应急信息，下面用来记忆12个星座：白羊座、金牛座、双子座、巨蟹座、狮子座、处女座、天秤座、天蝎座、射手座、摩羯座、水瓶座、双鱼座。

① 头发	② 眼睛	③ 鼻子	④ 嘴巴	⑤ 脖子	⑥ 肩膀
⑦ 前胸	⑧ 肚子	⑨ 大腿	⑩ 膝盖	⑪ 小腿	⑫ 脚

第五章　记忆宫殿法

① 头发 — 白羊座
头发突然变成了厚厚的白色羊毛，还长着一对羊角

② 眼睛 — 金牛座
眼睛像牛眼睛一样瞪得大大的，发出金色的光芒

③ 鼻子 — 双子座
鼻孔里面插着两个子弹

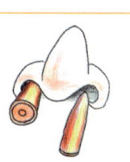

④ 嘴巴 — 巨蟹座
嘴巴吃着大闸蟹，动来动去的，很搞笑

⑤ 脖子 — 狮子座
脖子上长满了狮子毛，很诡异

⑥ 肩膀 — 处女座
放学回家很累，叫一个美女给我按摩肩膀

⑦ 前胸 — 天秤座
前胸上顶着一个天秤，走路一晃一晃的

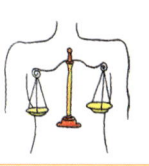

⑧ 肚子 — 天蝎座
天上掉下来一只蝎子钻进了你的肚子里面

⑨ 大腿 — 射手座
大腿突然被丘比特的神剑射中了

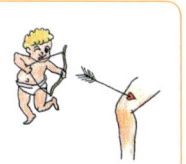

⑩ 膝盖 — 摩羯座
膝盖磨破了，结了一个疤，用手一摸就是摩羯座

⑪ 小腿 — 水瓶座
小腿粗得像水瓶一样

⑫ 脚 — 双鱼座
脚上踩着两只大头鱼，很好笑

注意：在记忆的过程中一定要自己绘出画面。

89

三 用汽车宫殿速记圆周率

① 前轮　　② 车灯　　③ 标志　　④ 挡风玻璃　　⑤ TAXI
⑥ 方向盘　⑦ 前座　　⑧ 后座　　⑨ 后备箱　　　⑩ 排气筒

在第一章记忆圆周率的时候我们运用汽车记忆宫殿的方法速记过数字信息，记忆信息：26　43　38　32　79　50　28　84　19　71，小伙伴们可以回顾一下，这里不再进行重复说明。

身体定位桩、汽车定位桩、教室定位桩，这3个记忆宫殿被我们称之为考试神器，可以在临考前，把记不住的重点知识信息提取出关键词，出图后保存在记忆宫殿里，考试的时候想不起来信息的话，通过记忆宫殿就可以轻松回忆起来啦。是不是"菲常"便捷？所以有了好的方法，学习、考试再不是难事啦！

注意：其实万事万物都可以成为我们的地点桩，除了上述的举例外，像人物地点桩、诗词地点桩、建筑地点桩等，只要是熟悉有序都可以帮助我们进行有效记忆。

如果你问什么样的桩子适合记忆什么样的信息，如何区分的话，也不需要太过于纠结，假设这些桩子好比不同的路线，每一条路线都可以通往我们的目的地，那么就根据你的时间以及目的，选择最合适自己的路线即可，重点在于你要熟悉每条路线。桩子也是如此，把所有的桩子全部掌握，并且熟悉原理后，记忆起来就会更加便捷。

第四节　如何创建自己的记忆宫殿

现在你已经通过上面的地点桩记忆了大量的知识信息，也再一次感受到了这种方法的强大，那么接下来就让我们一同打造属于自己的大脑记忆宫殿。

分类：自己家里或是亲朋好友家里；学校以及周边餐厅；生活中常去的地方。

分组：按照以上3大类，可以每个类别分别选取组建大脑图书馆，一般选30个地点作为一大组，而这30个地点每10个一小组。

地点选取原则：熟悉、有序、有特征、大小与空间距离适宜。

注意：用地点法做数字记忆、中文词汇记忆或是文章知识点记忆前应先将地点复习熟练。

最强大脑之忆菲冲天

举例

如果想在院子里找一些地点，那么以如下图片情景为例来找一下吧！我们选取的地点往往按照顺时针或逆时针的次序找，可以找10个：

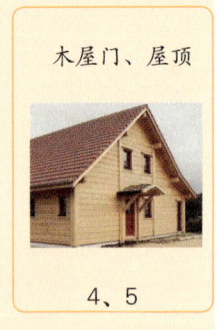

1 喷泉	2 长椅	3 路灯	4、5 木屋门、屋顶
6、7 蓝桌、太阳伞	8 垃圾桶	9 树	10 跷跷板

看了上面的例子，接下来我们也可以在客厅、浴室、厨房、卧室分别找到10个地点，如下图所示：

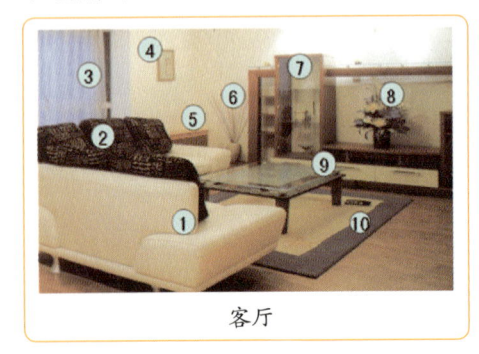

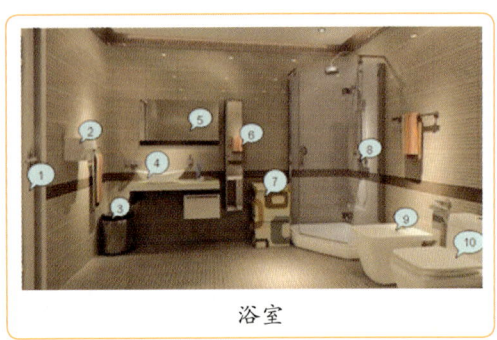

客厅

浴室

第五章 记忆宫殿法

厨房

卧室

根据上面找地点的示范，你也在家里找 30 个地点作为一组吧！尽量一个空间选 10 个地点，同时按照顺序找到熟悉、有特征，而且大小和空间方位适宜的即可。

客厅	厨房	卧室
1. _____	11. _____	21. _____
2. _____	12. _____	22. _____
3. _____	13. _____	23. _____
4. _____	14. _____	24. _____
5. _____	15. _____	25. _____
6. _____	16. _____	26. _____
7. _____	17. _____	27. _____
8. _____	18. _____	28. _____
9. _____	19. _____	29. _____
10. _____	20. _____	30. _____

只要你愿意，你可以找到无数的地点桩！下图是如何寻找地点桩的思维导图，通过下图可以更加准确、有序地打造属于你的大脑图书馆了！

最强大脑之忆菲冲天

《寻找地点桩》

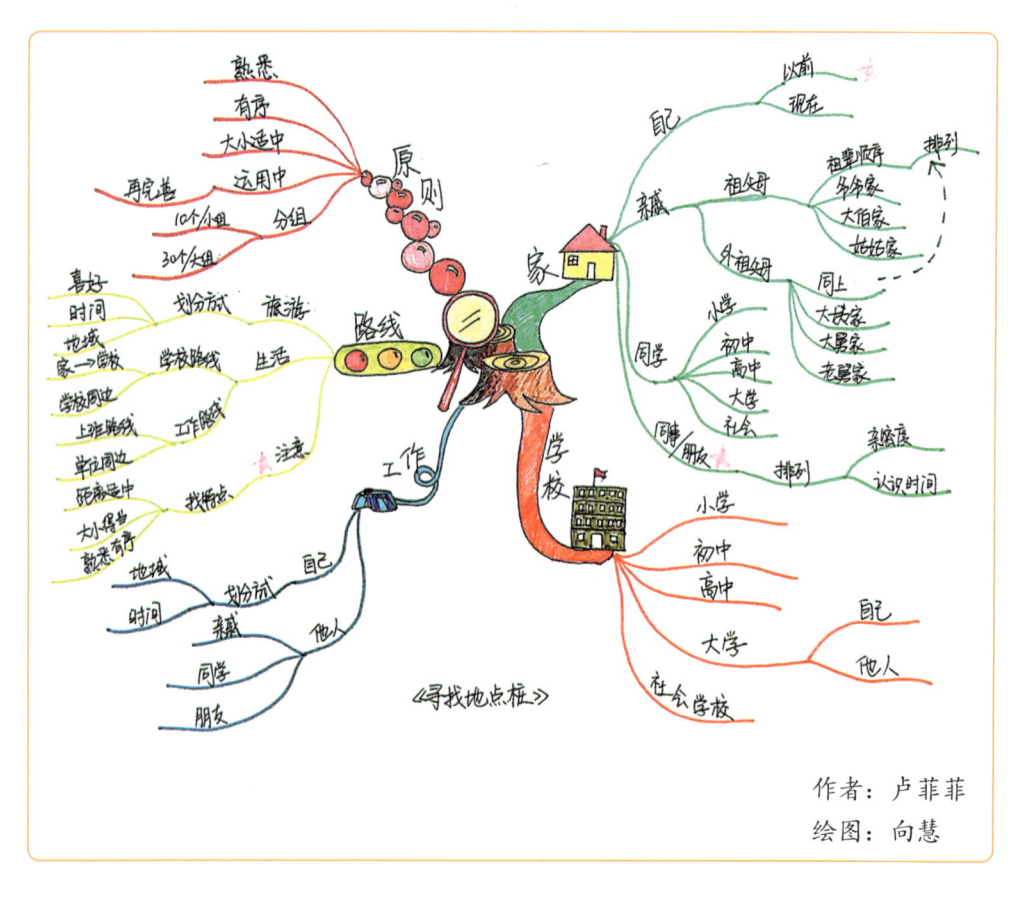

作者：卢菲菲
绘图：向慧

一定要把自己的记忆宫殿整理成文本，这样便于后续提取记忆。以下为我的部分记忆宫殿整理模板，**私藏的呦！** 不轻易拿出来的，仅供参考。

第一组（家）	客厅	1. 鞋柜	2. 镜子	3. 沙发	4. 茶几	5. 花瓶
		6. 空调	7. 音响	8. 电视	9. 装饰柜	10. 落地灯
	主卧	1. 门	2. 衣柜	3. 床头柜	4. 床	5. 照片
		6. 飘窗	7. 空调	8. 书柜	9. 桌子	10. 挂钟
	卫生间	1. 洗漱台	2. 镜子	3. 马桶	4. 纸篓	5. 毛巾架
		6. 花洒	7. 浴缸	8. 排气口	9. 杂货架	10. 浴霸灯

第二组（校区）	大厅	1. 前台	2. 荣誉榜	3. 花盆	4. 书架	5. 照片墙
		6. 接待处	7. 打印机	8. 空调	9. 饮水机	10. 冰箱
	办公室	1. 沙发	2. 茶几	3. 窗户	4. 办公桌	5. 椅子
		6. 小柜子	7. 字画	8. 古董架	9. 摇椅	10. 屏风
	授课区	1. 电子门	2. 活动区	3. 光荣榜	4. VIP区	5. 茶歇处
		6. 盆景	7. 小圆桌	8. 方形椅	9. 储物柜	10. 杂货间

第五节　运用记忆宫殿法记忆的"三步曲"

第一步：记忆宫殿是建立在个人所熟悉事物上的模型，例如建筑物、旅行地点等。选用自己的办公大楼、学校、常去的购物区或是某一个让你记忆深刻的旅游胜地，利用这些熟悉的事物创建自身熟悉的记忆宫殿，并最终帮助自己记忆大量的信息。

第二步：每一个记忆宫殿应分成10个各不相同的小地点。如果你选择的地点可以划分成多于10个地点，那么选择你最熟悉的、最易记的10个地点。注意：从一个地点到下一个地点的路线要十分明确，当你开始在这个地方走动的时候，清晰的路线图对后期的回忆很有帮助。尽量选择最明显的路线图，以便可以很快处理要记忆的信息。

第三步：一旦你确定了这10个地点，清楚了路线图后，就将每块地点填满画面性信息。这些画面就是你的回忆线索，它们可帮助你回想起知识点、人名、单词、数字、想法、规则、工作、方向，甚至任何你需要的信息。

提取信息时，你只需要沿着走过的路线就会发现所有曾经"留在"那的图片线索，然后回想起所有信息。

最强大脑之忆菲冲天

"菲常"解答

1. 找地点的注意事项有哪些？

熟悉：只有熟悉的地方才可以在第一时间回忆起地点，并且运用自如。

有序：根据自身的习惯设定即可，可以从左到右，也可以从上到下，选择时多关注自己在空间中的感觉，跟随自己的内心选择即可。

有特征：如何判别这个地点是否有特点呢？在寻找的时候第一眼可以看到，同时在回忆的时候是否可以马上回忆出来，如果不能就要斟酌一下。

大小与空间距离适宜：空间距离很重要，建议自己找一下感觉，当你闭上眼睛回忆地点的时候，每个地点的回忆时间应均衡且不会觉得太大或太小。

2. 什么知识用地点桩记忆？

学习：简答、论述、大量知识点、条款类信息、古诗词、文言文、整书记忆等。

工作：演讲稿速记、公司条款、规章制度、应急事件等。

生活：超市购物、应急需要快速记忆信息、商场购物记忆商品编号等。

3. 桩子多久可以记忆新的记忆信息？

下面以"种菜"为例为大家解答：

① 种子好比是知识，菜地好比地点桩，不同级别的种子相当于不同知识点，知识难度越大，级别越高。初学者掌握的地点桩很少，而且掌握的能力不足，只能通过地点桩记忆一些简单的知识信息：现在的我只能种萝卜，我要努力！

② 当菜苗茁壮成长，级别也越来越高时，若希望可以产出更多，就需要扩建菜地了。这个阶段好比你已经掌握了一定的地点记忆方法，有了少量的地点桩，但这些地点已经不足以帮你记忆已有的知识点，需要寻找新的地点桩了。

③ 当地很多的时候，选择也就多了，你可以任意组合、安排每块地种什么菜，那么什么时候才可以运用桩子记忆新的知识信息呢？这很简单，回到我们的菜地里面，不同的菜成熟的时间不同，这就好比不同的知识点，难易度的不同直接决定了你什么时间可以完全牢记，当然也和你的复习次数有很大关系。

④ 当全部果实成熟后就可以开始采摘，采摘后可以种植新的菜。记忆也是如

此，当你的知识点已完全牢记于心时，就可以运用这个地点去记忆新的信息了。

4. 是不是运用了地点桩就不会遗忘？

我觉得有必要阐述一个事实给大家，还是以种菜为例（近期我比较喜欢吃素）！

① 当菜成熟之后，我们最憎恨的就是偷盗劳动果实的人，俗称偷菜者，但你会发现，偷菜有一个原则，最早开始偷菜的人一般能偷很多。

② 知识点保存的长与短和偷菜原理类似，如果知识已经成熟，你不及时复习的话，时间长了，肯定会遗忘一些，但运用地点桩或记忆法最大的好处就是无论过了多久，只要你想回忆都会通过地点桩上的痕迹寻找到你的知识点。

小结

在"记"阶段质量的好与坏将直接影响"忆"的速度，当你确定运用记忆宫殿记忆的时候，一定要运用熟悉有序的桩子，最好标记在要记忆的信息旁边，这样便于后期复习。记忆宫殿"菲常"适用于记忆长篇的知识信息，所以掌握的工具越强，能力就越强，拥有了强大的记忆工具后，你就可以轻松应对各种记忆问题。

记忆测评 5

运用下面的记忆宫殿记忆知识信息。

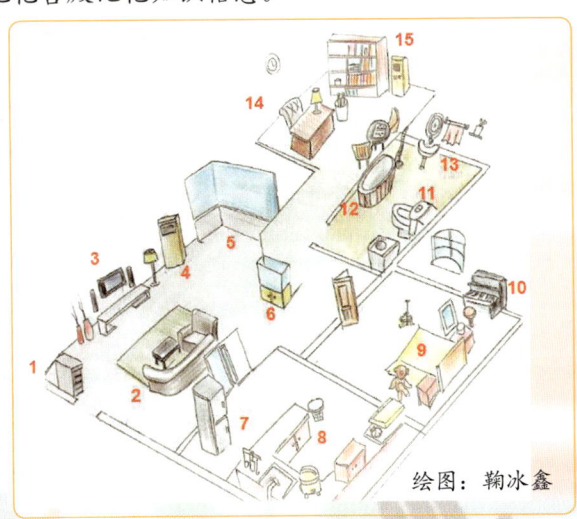

绘图：鞠冰鑫

最强大脑之忆菲冲天

地点桩1：1. 鞋柜；2. 沙发；3. 电视；4. 空调；5. 屏风；6. 鱼缸；7. 冰箱；8. 橱柜；9. 床；10. 钢琴。

记忆信息：1. 执着；2. 挑战；3. 热情；4. 奉献；5. 激情；6. 愉快；7. 爱心；8. 自豪；9. 渴望；10. 信赖。

地点桩2：11. 马桶；12. 浴盆；13. 洗面池；14. 书桌；15. 书柜。

记忆信息：五岳。

东岳——泰山——山东　　　西岳——华山——陕西

南岳——衡山——湖南　　　北岳——恒山——山西

中岳——嵩山——河南

思维风暴

正方形风筝

加尔文·博斯特伯这次真的遇到了麻烦。如果风不能停下来的话，他那个极有"雄心"的风筝真的会把他带到某个神秘之地。这个风筝不仅因为空气动力飞得很高，而且也包含了1道题。风筝的撑木形成了形状各异、彼此相连的正方形。请试试看，你能否正确计算出风筝上有多少个大大小小的正方形，用时60秒呦！

第四章答案：

$123 - 45 - 67 + 89 = 100$。

第六章

思维导图法

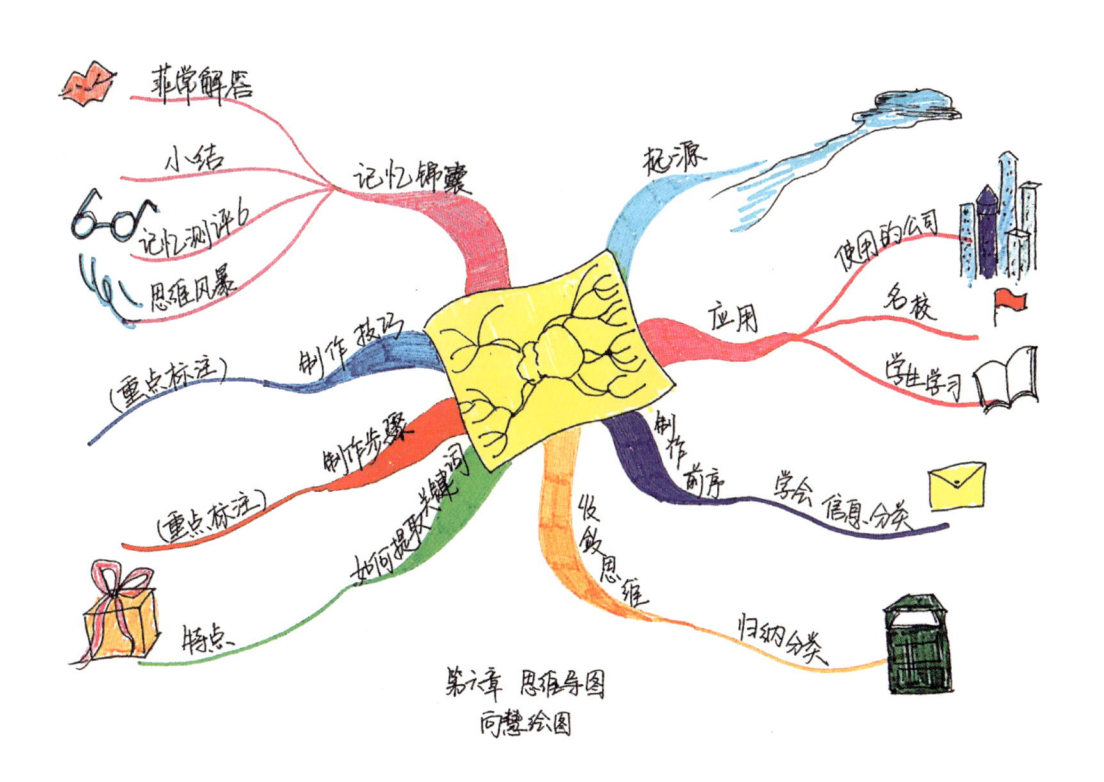

最强大脑之忆菲冲天

第一节　思维导图的起源

根据第一章我们可以了解到，人类大脑的构造和思维规律对形象、图画式的信息接收和存储会比较容易且深刻，所以从古至今的很多科学家和学者都利用图文结合的方式来表达和传递信息。

图形笔记方法的历史比较悠久，就像文字起源一样，是人类在认识和改造自然，创建文明的过程中大脑所激发出来的一种思维和行为模式，只是没有多少人会将这种方法归类为一种好的思维和学习记忆工具而已。在科学和艺术界有很多伟人曾使用这种方法，帮助自己或别人了解事物或科学原理。

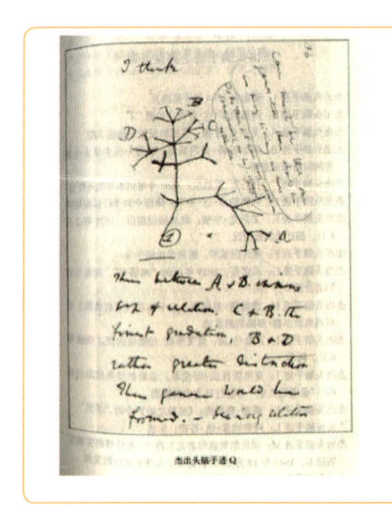

达尔文
左图为《进化之树》的相关描述

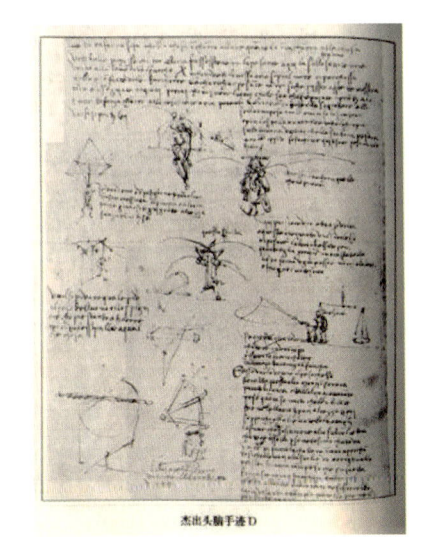

达·芬奇
左图为《降落伞和飞行器两翼图》

很多文字内容看起来枯燥乏味，但是也许只需要一两个图形就可以表达出大量文字描述的含义，所以图形的表达方式在科学方面应用很多，像光学实验、化学中的实验、生物中的变化等经常会用图形表达。

图形表达已经不仅仅是一种意思表示了，由于其易懂、易记的特点，作为一种能够将复杂知识通过图形转换为轻松记住的方式，也是很多学习高手热衷的高效记忆法。

有时候有些记忆法爱好者会走进一个误区：只有绘画好的人才能用简图法。这是错误的！对于图形的使用而言，最重要的是通过其表现文字内容，画得好只能说明养眼，如果不能将重点表现出来也是白费。即使画图不好看，但是自己能看懂又抓住了重点，也能达到目的。

思维导图是图文结合的现代升级版，也可以说是人类文明发展的笔记进化版，由世界大脑先生、世界脑力锦标赛组委会主席托尼·博赞先生发明，原理是根据人脑的构造及思维规律，信息的快速接收、快速存储，以及更长久存储、逻辑层次更分明的方式来绘制和陈列信息。将知识信息以网络图画形式归类构建，达到清晰明了知识信息要点且掌握下来的目的。

最强大脑之忆菲冲天

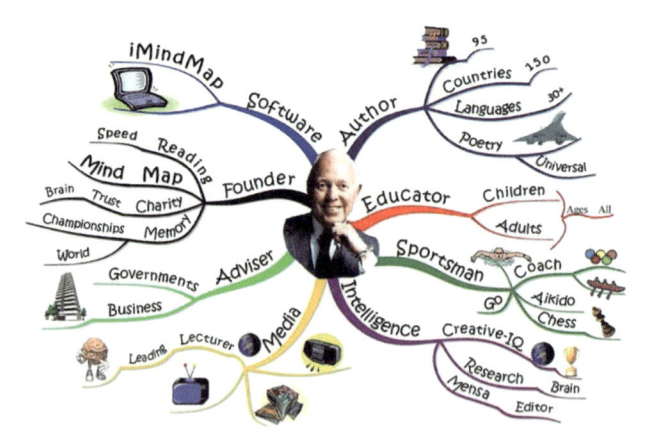

　　思维导图从字面意思理解就是思维的导航图，如果大脑里面有一个思维或是知识的导航图，能够轻松调取想要的信息，那么我们的知识网络会非常清晰，学习和工作也会非常高效。思维导图主要训练的思维是：归类整理思维、抓取重点思维、水平发散思维、垂直纵深思维。除了对上面这几种思维的训练外，其实对于大家的逻辑思维、绘图形象思维等也是种锻炼和考验。如果能够掌握得很好，将是一种非常强大的学习、工作、生活工具，思维导图的应用是一门学科，在这里无法系统地分享、呈现给大家，只能结合实践从"粗犷"的角度做些了解和技法学习。

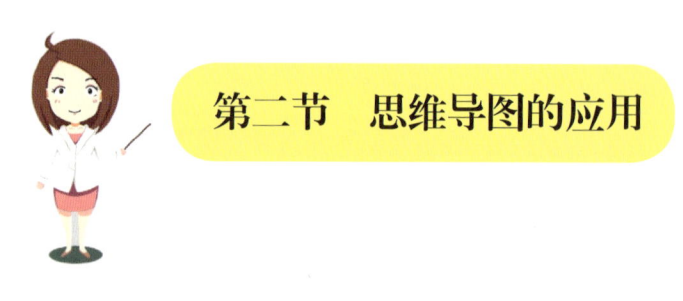

第二节　思维导图的应用

　　思维导图将各种复杂的概念、信息、数据、想法以及它们之间的关联性，通过使用线条、符号、词汇和图像等个性化的表达形式，经过思维组织加工，形成树状图像和视觉景象呈现在我们面前，从而使我们的学习和思维结构更有整体感、更形象、更易懂、更易记。正是由于思维导图对于学习和工作的强大作用，所以许多大公司、学校、机构都在推广和应用这种工具。

一　使用思维导图的公司

- 航空、汽车、石油公司：美国航空、英国航空、壳牌、福特、劳斯莱斯、BP。
- 电器、通信公司：美国百公、汉威、西门子、美国电信。
- 金融公司：美国运通、苏黎世保险、瑞信、HSBC。
- IT、企业服务公司：微软、戴尔、HP、优利、思科、IBM、美商甲骨文。
- 制造、药品公司：可口可乐、NIKE、娇生、辉瑞药厂。

二　使用思维导图的部分名校

哈佛大学　　牛津大学　　新加坡国立大学

剑桥大学　　伦敦政经学院　　斯坦福大学

三　学生思维导图的应用

从学生学习的角度讲，思维导图是一种非常好的工具，能够迅速构建重点知识网络，然后运用记忆法来记住重点会大大节省复习和学习时间，因为平时大家面对的信息有80%是次要信息，20%是重点知识，如果用这种工具来学习，那么学习效率从理论上讲会提升至少4倍。

无论是要绘制书本知识的导图，还是课堂笔记导图、写作导图等，首先都要了解思维导图是如何一步步画成的，如何成功绘制一幅思维导图，以及它的要点是什么。下面将以如下这幅阅读笔记思维导图为例进行讲解。

最强大脑之忆菲冲天

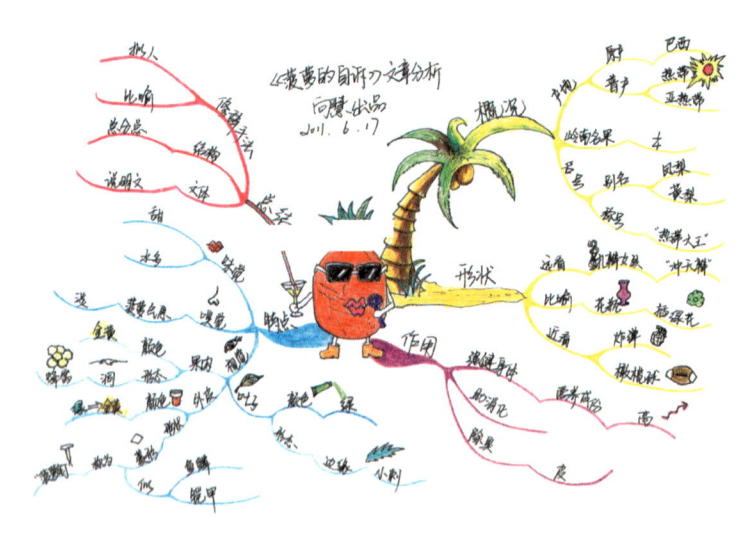

① 导图构成主要是三大块：中心主题和中心图、主分支和次分支、个性化简图。中心图一般都放置在正中间与主题相关，主分支就是对绘制内容分的大类，例如上图有5个主分支：概况、形状、作用、特点、总结，那么这幅导图或文章就是从5个方面对《菠萝的自诉》这篇说明文的总结。

② 画好中心图和写上主题后，第一个主分支是从右上角45°左右开始，按照顺时针的次序往后画主分支。并列关系的分支从一个点出发画上并列线条，必须每画一条线就写上文字，不能先将线条画好再直接填文字，这样很死板，因为如果内容有增减会影响导图布局。所有文字内容都在5字以内，必须是归纳的重点关键词，不能写句子，主分支的个数一般不超过7条。

③ 当第二大内容"主分支和次分支"都完成之后，再根据重点知识绘制些增进理解和记忆的简图，如果是想让图画更美观还可以给线条涂上颜色，涂色标准是一条大的分支用统一一种颜色，不同大分支用不同颜色，线条是从主分支到次分支由粗到细的绘制原则。

第三节　思维导图的制作前序——信息分类

万丈高楼平地起，先来看看如何进行思维导图中的信息分类吧！

① 发散信息：这个步骤主要运用于写作当中，有了一个中心点，围绕中心先把相关的素材罗列出来，然后再进一步筛选。

② 归纳整理：把大量的信息分门别类地整理起来，每个模块有一个名字，这样便于后期记忆与提取。

案例：尝试把下面的信息进行分类，不同的思维模式分类将有所区别，要注意思维导图是归纳资料的工具，需要简洁有逻辑，所以自己制作后要不断完善。

| 玫瑰 | 太阳 | 桌子 | 天空 | 篱笆 | 月亮 | 水池 | 流星 | 礁石 | 贝壳 |
| 房子 | 大树 | 轮船 | 床 | 海洋 | 窗口 | 白云 | 章鱼 | 花园 | 椅子 |

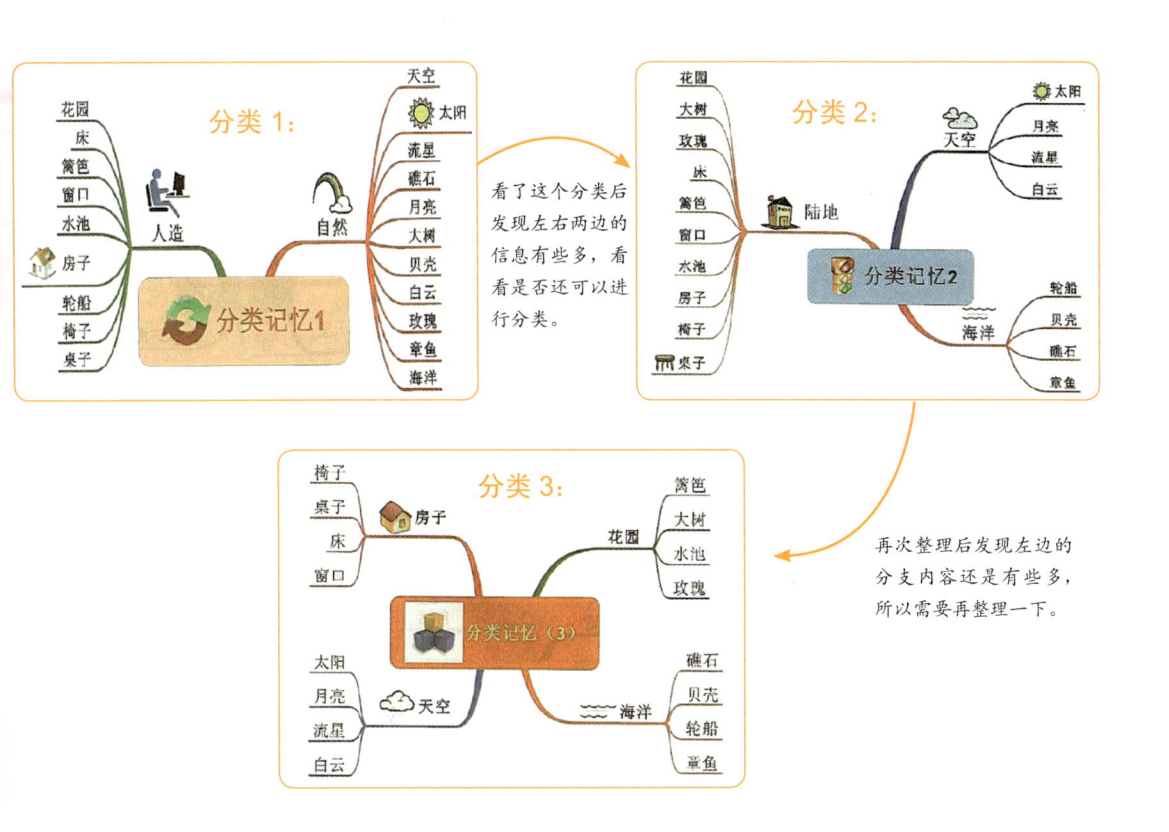

分类1：

人造：花园、床、篱笆、窗口、水池、房子、轮船、椅子、桌子
自然：天空、太阳、流星、礁石、月亮、大树、贝壳、白云、玫瑰、章鱼、海洋

分类记忆1

看了这个分类后发现左右两边的信息有些多，看看是否还可以进行分类。

分类2：

陆地：花园、大树、玫瑰、床、篱笆、窗口、水池、房子、椅子、桌子
天空：太阳、月亮、流星、白云
海洋：轮船、贝壳、礁石、章鱼

分类记忆2

再次整理后发现左边的分支内容还是有些多，所以需要再整理一下。

分类3：

房子：椅子、桌子、床、窗口
花园：篱笆、大树、水池、玫瑰
天空：太阳、月亮、流星、白云
海洋：礁石、贝壳、轮船、章鱼

分类记忆（3）

105

最强大脑之忆菲冲天

通过3次整理，知识信息已梳理得很清晰，一目了然，所以只要把信息处理好，哪怕是死记硬背都可以快速记忆。

第四节　训练一下收敛思维——归纳分类

注意： 中心词以及具体分几类可以自己定义并绘制在如下方框中，但分类后要反复查看关键词归纳是否符合。

榕树	冰淇淋	杯子	太阳	勺子	小草	松树	棒棒糖	月亮	草莓
玫瑰	苹果	南瓜	茉莉花	快乐	冰棍	手机	沮丧	筷子	愤怒
毛巾	星星	风							

（绘图区）

很多人会分类，但标签的设定总是出现问题，没有关系，多观察训练就可以了，比如可以登录一些门户网站，一般的门户网站分类都非常清晰明确。同时也可以登录音乐网站，在查找歌曲的时候会有不同的分类标签，其实你需要做的就是看着这一类词语，尝试找到它们的共同特点，然后把这个特点通过标签表现出来就可以了。

网站分类

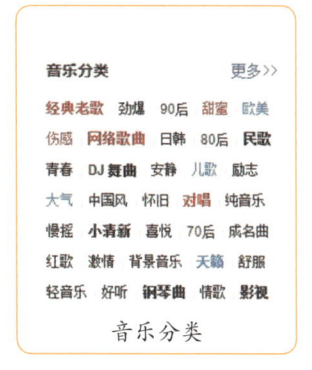

音乐分类

第五节　如何提取关键词：用 20% 的关键词获取 100% 的信息

有效率的学习者：通读课本材料，提取关键词，记在导图上，复习时通过 20% 的关键词，获得 100% 的信息，节省 80% 的时间。

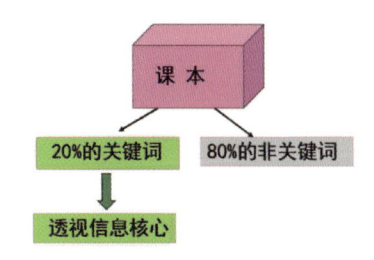

课本 → 20%的关键词 / 80%的非关键词
20%的关键词 → 透视信息核心

练习：很长时间以来，人们已经知道人类大脑可以被分为两个部分：左脑和右脑。人们也知道左脑控制着人的右半边身体，而右脑则控制着人的左半边身体。他们还发现当左脑受到损坏的时候，人的右半边身体就会瘫痪。同样的，如果右脑受到损坏，人的左半边身体就会瘫痪。换句话说，一边大脑受到损伤将会导致相对应的一边身体瘫痪。

最强大脑之忆菲冲天

非关键词

很长时间以来，人们已经知道_____可以被____：____和____。人们也知道_____而_____则_____。他们还发现当_____的时候，_____就_____。同样的，如果_____，人的____就_____。换句话说，_____将会_____。

关键词

人类大脑分为两部分：左脑，右脑。

左脑控制人的右半边身体。

右脑控制人的左半边身体。

左脑受到损坏，右半边身体会瘫痪。

右脑受到损坏，左半边身体会瘫痪。

一边大脑受到损伤会导致相对应的一边身体瘫痪。

红色字为核心关键词

关键词的特点：

- 文章重点、要点。
- 名词、动词、副词、形容词。
- 印象最深刻的词。
- 概括性的词：原文有的、自己概括。
- 简洁、精练。

采集关键词就像从一大片稻田里采集稻米：

① 先花数小时观察整片稻田，找到成熟的水稻。

② 收割、打下稻谷并晾晒、脱粒，就成为稻米。

③ 最后做成米饭食用。

第六节 思维导图的制作步骤

制作工具：A4、A3 纸；12 色水彩笔；铅笔、橡皮；签字笔；几支不同颜色的荧光笔。

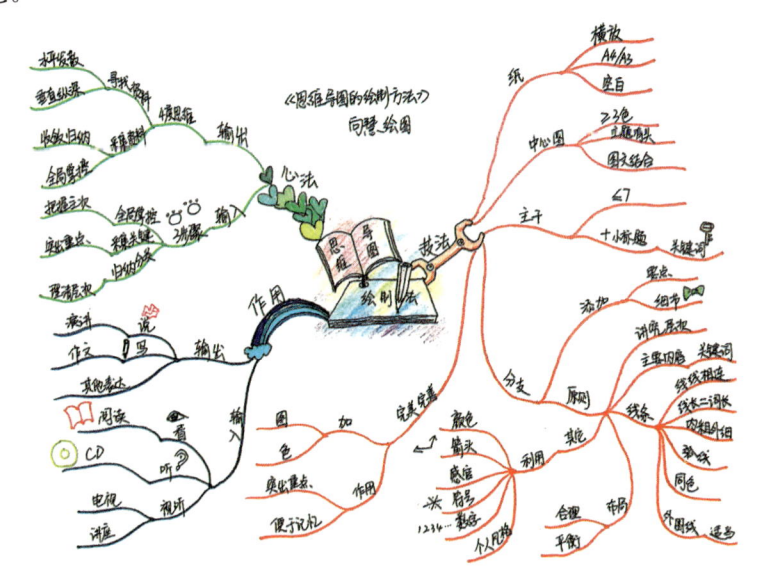

下面以《向日葵》思维导图为例讲解制作步骤及技法。

① 在纸中心绘制主题图。

② 画主分支，加标题。

原则：（1）单色；（2）主题有关；
（3）图字结合；（4）纸中心。

原则：（1）7 条以内；（2）加标题；
（3）线条流畅。

③ 针对每一个小标题，通过次分支线加上要点和支持性的细节。

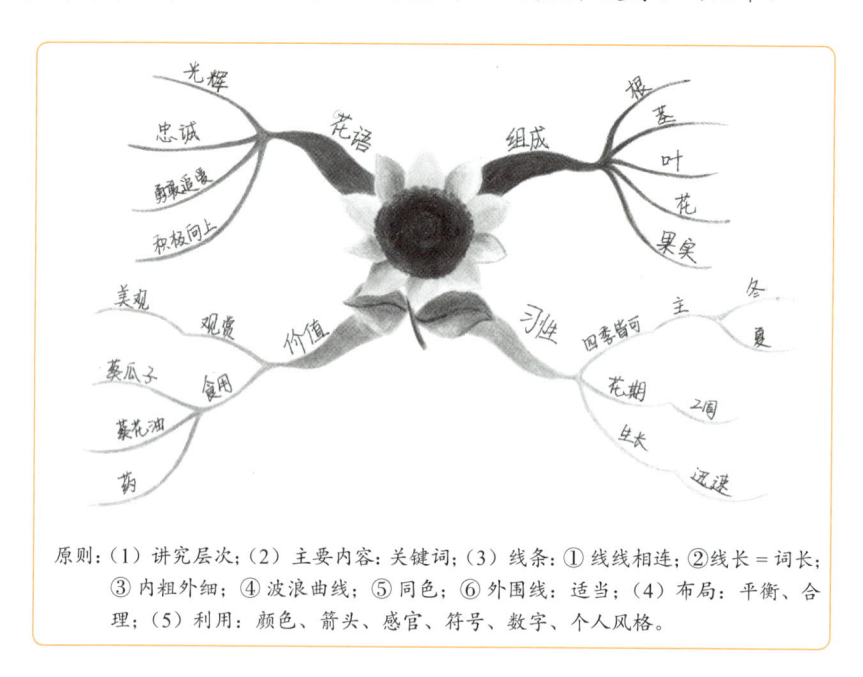

原则：（1）讲究层次；（2）主要内容：关键词；（3）线条：①线线相连；②线长＝词长；③内粗外细；④波浪曲线；⑤同色；⑥外围线：适当，（4）布局：平衡、合理；（5）利用：颜色、箭头、感官、符号、数字、个人风格。

④ 增添更多图像，突出重点，使记忆深刻。

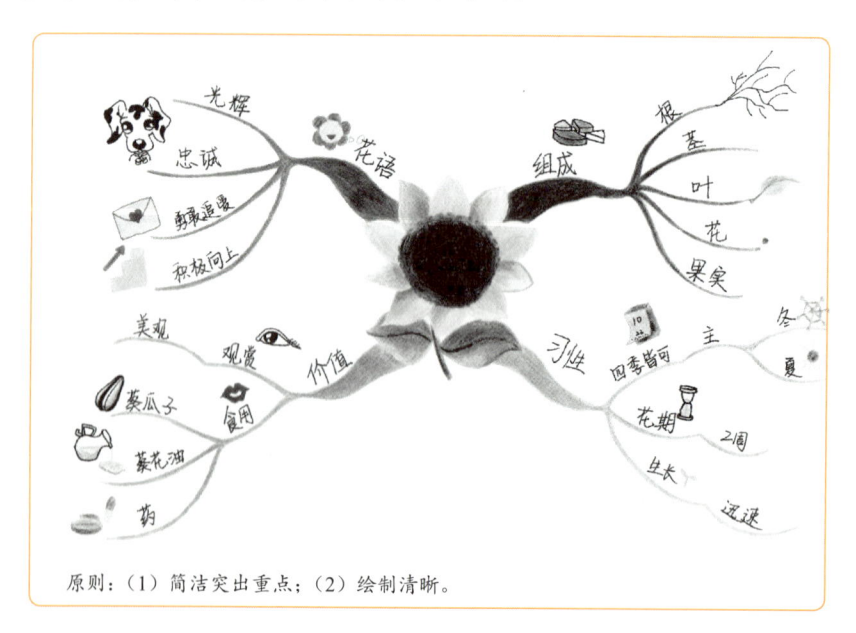

原则：（1）简洁突出重点；（2）绘制清晰。

⑤ 着色：不同分支不同颜色，色彩对比鲜明。

原则：(1) 色彩对比鲜明，(2) 颜色亮明清新。

第七节　思维导图的制作技巧

1　主题

- **最大的主题（事项、文章的名称或书名）要以图形的形式体现出来。** 我们以前的笔记，都会把最大的主题写在纸面最顶格的中间。而思维导图则把主题体现在整张纸的中心，并且以图形的形式表现出来。我们称之为中央图。
- "中央图"要用三种以上的颜色（可以后着色）。
- **一个主题一条大分支**：思维导图把主题以大分支的形式体现出来，有多少个主题，就会有多少条大的分支。
- **每条分支要用不同的颜色**：每条分支采用不同颜色可以让你对不同主题的相关信息一目了然。

2　内容要求

- **运用小插图、代码**：小插图不但可以强化每一个关键词的记忆，同时也突出关键词要表达的意思，而且还可以节省大量的记录空间。当然除了这些小的插图，我们还有很多代码可以用，比如"厘米"可以用"cm"来代替，可以用代码的尽量用代码。

- **箭头的连接或符号**：当我们在分析一些信息的时候，各主题之间会有信息相关联的地方，这时，可以把有关联的部分用箭头连起来，这样就可以很直观地了解到信息之间的联系了。如果你在分析信息的时候，有很多信息是相关、有联系的，但是如果都用箭头相连接会显得比较杂乱。解决这个问题的方法就是，你可以运用代码，用同样的代码在它们的旁边注明，当你看到同样的代码时，就可以知道这些知识之间是有联系的。
- **只写关键词，并且要写在线条的上方**：思维导图的记录用的全都是关键词，这些关键词代表着信息的重点内容。不少人刚开始使用思维导图时，会把关键词写在线条的下面，这样是不对的，记住一定要写在线条的上面。

3 线条要求

- **线长 = 词语的长度**：思维导图有很多线条，每一条线条的长度都是与词语的长度相同。刚开始使用思维导图的人会把每条线画得很长，词语写得很小，这样不但不便于记忆，同时还会浪费大量的空间。
- **中央线要粗**：思维导图的层次感很分明，越靠近中间的线会越粗，越往外延伸的线会越细，字体也是越靠近中心图越大，越往后面越小。
- **线与线之间相连**：思维导图的线与线之间是互相连接起来的，线条上的关键词之间也是互相隶属、互相说明的关系，而且线的走向一定要比较平行。换言之，线条上的关键词一定要让你自己能直观地看到，而不是要把纸的角度转120°才能看清楚自己写的是什么。
- **外围线**：有些思维导图的分支外面围着一层线，它们叫外围线，这些线有两种作用：第一、当分支多的时候，用环抱线把它们围起来，能让你更直观地看到不同主题的内容；第二、可以让整幅思维导图看起来更美观。需要注意的是，你要先在思维导图完成后，再画外围线。

4 总体要求

- **纸要横着放**：大多数人在记笔记时，笔记本是竖着放的。但做思维导图时，纸是横着放的，这样空间感比较大。
- **用数字标明顺序**：可以有两种标明顺序的方式，主要视需要和习惯而定。第一种标明顺序的方式：可以从第一条主题的分支开始，用数字从1开始，把所有分支的内容按顺序标明，这样就可以通过数字知道内容的顺序了；第二种标明顺序的方式：每一条分支按顺序编排一次，比如第一条分支从1标明好顺序后，第二条分支再重新从1开始编排，也就是说，每条分支都重新编一次顺序。
- **布局**：做思维导图时，它的分支是灵活摆放的，除了能理清思路外，还要考虑到合理地利用空间，可以在画图时思考，哪条分支的内容会多一些，哪条分支的内容少一些，你可以把内容最多的分支与内容较少的分支安排在纸的同一侧，这样就可以更合理地安排内容的摆放了，整幅画看起来也会很平衡。绘制思维导图前，要记得思考如何布局会更好。
- **个人的风格**：学会思维导图之后，我还鼓励大家能够形成自己的风格。

注：在思维导图的以上技法中，发散收敛、关键词是最重要的部分，因为思维导图只记录关键词，如果关键词选择不正确，思维导图所要表达的信息就不准确了，若想学会全面分析信息，你需要学会观察信息当中哪部分是它们的关键，并搜索到它们的关键点，也就是关键词。而关键词该如何发散和收敛，如何正确地进行归类、布局会直接影响到导图传达的中心及主要含义。

尝试把上述思维导图的制作技巧制作成思维导图吧！

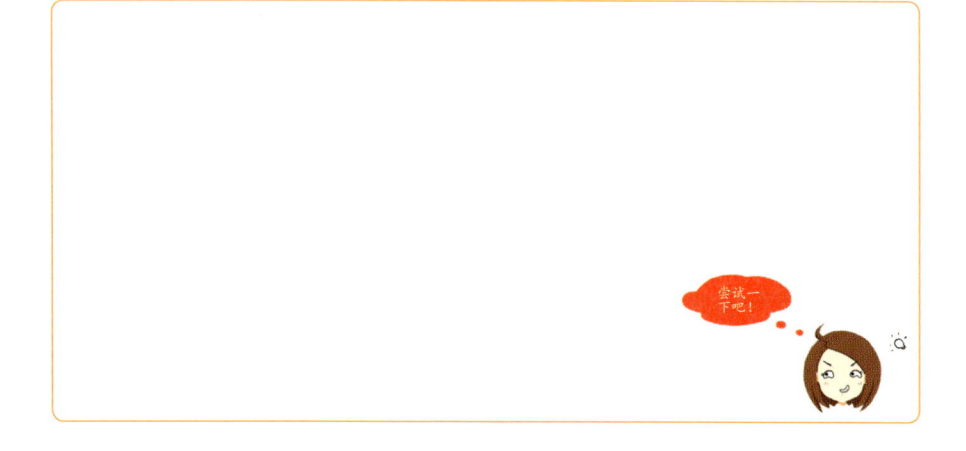

最强大脑之忆菲冲天

思维导图的制作技巧参考

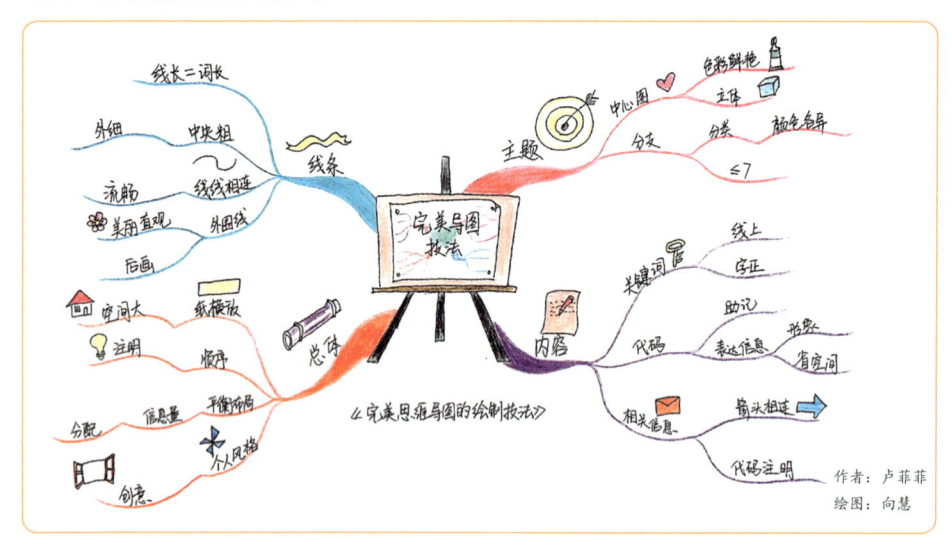

作者：卢菲菲
绘图：向慧

思维训练分类参考

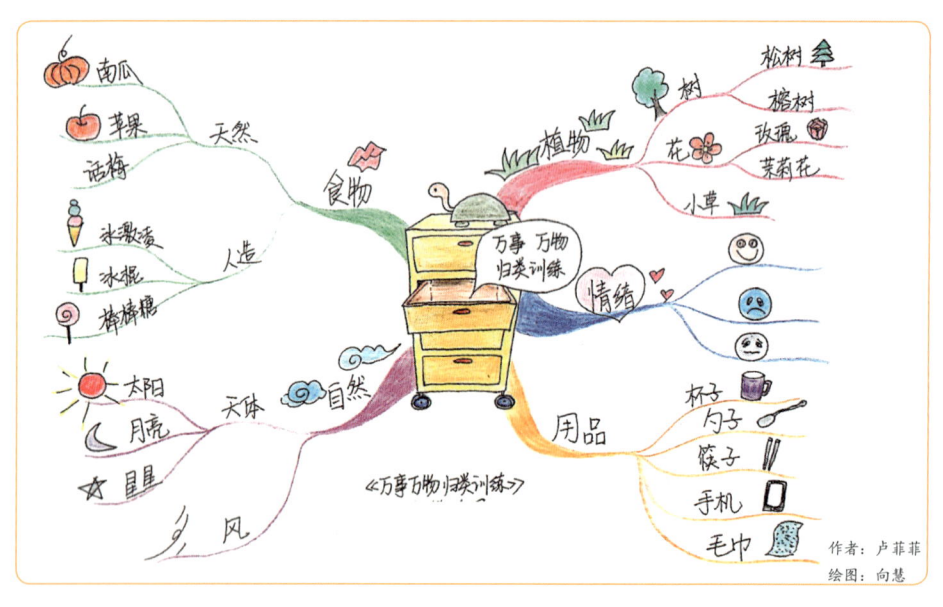

作者：卢菲菲
绘图：向慧

掌握了思维导图的绘画方法后还可以提升阅读能力，可以把看过的书籍整理成思维导图，便于后期查阅复习。

"菲常"解答

1. 如何训练提取关键词？

答：成年人可以用报纸进行提取训练，提取后只看关键词，看是否可以理解原文。

2. 提取关键词的时候都觉得是重点怎么办？

答：学会取舍，每句话只提取 1～2 个关键词即可，以名词、动词为主。

3. 绘制思维导图时不会分类怎么办？

答：每次找 20 个无规律的中文词组，尝试分成 3、4 组，给每一组贴一个标签，多训练。在平时生活中多观察，比如超市、商场的分类，网站内容的分类标签等，训练多了就好了。

4. 手绘好还是电子绘图好？

答：各有千秋，初学者最好手绘制作 10 幅图以上，因为手绘纸张有限，非常训练归纳整理能力以及布局能力。

5. 什么版本的思维导图软件好？

答：建议多下载几个版本自己尝试一下，然后选择最喜欢的版本。MindMapper、MindManager、Inspiration 都是非常优秀的软件，相对而言，Inspiration 使用起来最简单，还可以制作概念图；MindMapper 的线条比较美观，对于初学者来说还是不错的；MindManager 的专业化程度最高，但入门难度稍大，适合对功能要求比较高的人使用，不过这款软件对于会议流程制定"菲常"好。

6. 可否直接用水性笔绘制思维导图

答：不建议初学者这样操作，拥有一定绘画基础的人出于时间效率方面的考虑可以，还是那句话，掌握灵活的原则即可。

最强大脑之忆菲冲天

"菲常"总结：思维导图主要是作为处理工具运用，只有信息处理好了，才能有助于记忆与复习，所以每一个人都应该掌握思维导图的基本绘制方法和技巧，并且在平时的工作、学习、生活中多多运用。

记忆测评6

1. 找出关键词并运用记忆法进行记忆。

在资本主义的发展中引起劳动力增加的原因有哪些？

（1）随着人口的自然增长，进入劳动年龄的人数不断增加。

（2）生产过程机械化，使得雇佣大量的童工成为可能。

（3）越来越多的妇女也加入到劳动力出卖的行列。

（4）资本主义在农村的发展，使得大批的个体农民破产，农村劳动力大批转入城市，增加工业和其他行业劳动力的供给。

（5）竞争使得许多小资本家、小商品生产者和个体劳动者破产，使他们中的许多人加入到被雇佣劳动者的行列。

2. 把下面的信息归纳分类后绘制成思维导图进行记忆（注意，分类后要为每一类信息起一个标签）。

萝卜	郑成功	枪	海马	锤	茄子
白菜	马铃薯	斧	葫芦	剑	庞统
金鱼	韦小宝	刀	刘邦	丝瓜	水母
章鱼	欧阳锋	棍	海豚	曹操	鲨鱼

思维风暴

扑克牌的数值

迈克·米勒、琳达·凯恩和比夫·本宁顿正在思维游戏俱乐部的游戏室里玩。

迈克刚把扑克牌正面朝下放好,就向其他人发起挑战,让他们找出这些扑克牌的数值。欢迎读者朋友们一起玩(为了表达清楚,假设读者看到的线索与扑克相一致)。

这4张正面朝下的扑克是黑、红、梅、方4种扑克,它们的数字是A,K,Q,J。下面有5条线索,它们会帮你确定每张扑克:
(1)扑克A在黑桃的右边。
(2)方块在扑克Q的左边。
(3)梅花在扑克Q的右边。
(4)红桃在扑克J的左边。
(5)黑桃在扑克J的右边。

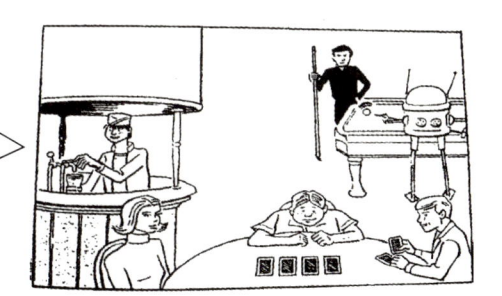

第五章答案:

这个风筝上有17个正方形,它们是由4种不同大小的正方形组成的。每种大小的正方形的个数见下图:

□ = 6   □ = 8   □ = 2   □ = 1

第三阶段

蜕变期

第七章

语文学科实操记忆讲解

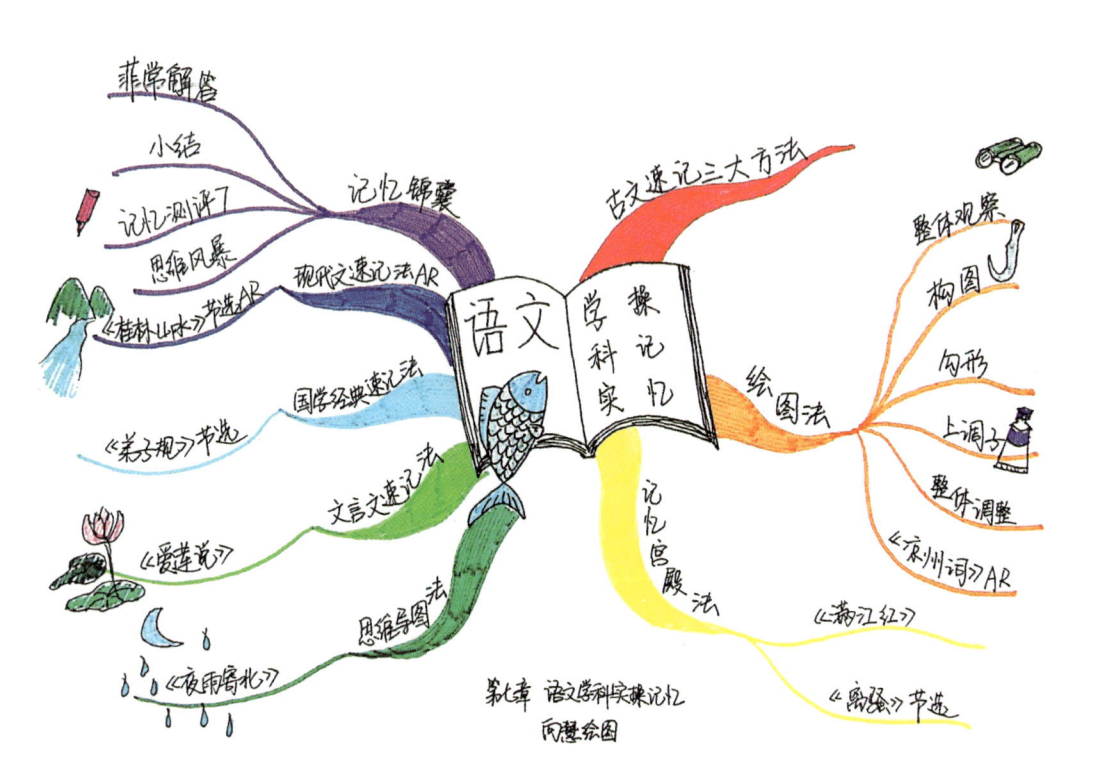

最强大脑之忆菲冲天

古诗词、文言文等国学经典记忆一直是很多人的软肋，特别是学生，因为不理解、文字拗口难记，总是记了忘，忘了又记，很浪费时间，渐渐地失去了对古文记忆的兴趣。

其实掌握了正确的记忆方法，很容易记下来，而且可以保持长久记忆的效果，接下来就让我们系统地了解如何快速记忆古诗词吧！

第一节　古文速记三大方法

知识信息的内容记忆还是需要遵循摄取、处理、存储、提取四个流程，同样的，无论短篇古诗词还是长篇的文言文、国学经典等，所运用的方法大同小异。记忆这些信息根据长短、内容以及自身记忆目的的不同，可选用不同的记忆方法，一般情况下我们常用的是如下3种。

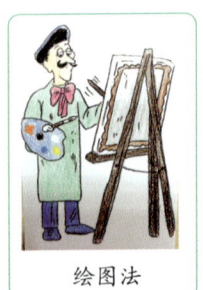

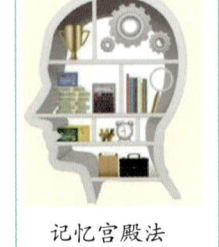

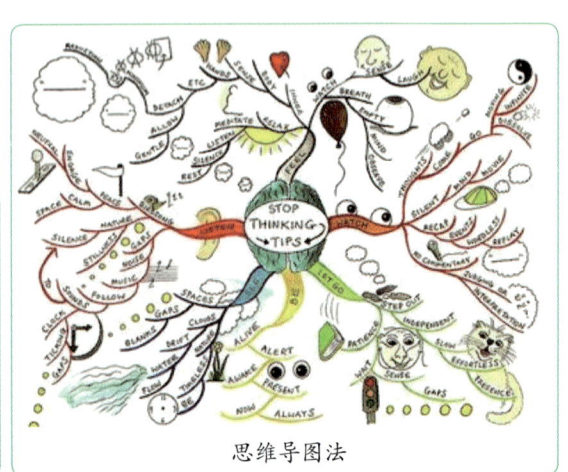

| 绘图法 | 记忆宫殿法 | 思维导图法 |

120

因为在前面绘图记忆法章节已经了解过文字如何转换，这里就不再讲解，直接聊聊万能的古诗词绘画模板吧！

接下来就分享一下不同类别的古文如何记忆，方法因人而异，重在帮助自己记忆下来，在记忆的过程中也许你会觉得与平时运用的方法有所区别，也会产生很多的疑问，这个非常正常，我们现在做的是辅助记忆，一切记忆都是在理解的基础上记忆的，如果觉得直接记忆更快的话，当然可以，不要纠结于用什么方法，记住实用才是硬道理。

第二节　用绘图法速记《春望》《凉州词》

其实诗词古文的记忆比你想得要容易得多！现在的你已经具备了图像思维能力，有了这个关键点，接下来缺少的就是行之有效的具体方法和持之以恒的训练。请你跟着我一起把下列诗词"走"一遍吧！

范例1：

《春望》

唐·杜甫

国破山河在，城春草木深。

感时花溅泪，恨别鸟惊心。

烽火连三月，家书抵万金。

白头搔更短，浑欲不胜簪。

1　整体观察

浏览、诵读诗词，整体感受诗词描绘的意境及表达的大意。

最强大脑之忆菲冲天

★ **译文**：国都已被攻破，只有山河依旧存在，春天的长安城满目凄凉，到处草木丛生。繁花也伤感国事，难禁涕泪四溅，亲人离散鸟鸣惊心，反增离恨。几个月战火连续不断，长久不息，家书珍贵，一信难得，足足抵得上万两黄金。愁白了头发，越搔越稀少，少得连簪子都插不上了。

★ **背景**：这是一首五言律诗，作于唐肃宗至德二年（公元757年）。当时长安被安史叛军焚掠一空，满目凄凉。杜甫眼见山河依旧而国破家亡，春回大地却满城荒凉，在此身历逆境、思家情切之际，不禁触景伤情，发出深深的忧伤和无限的感慨。诗人在这首诗中表达了爱国之情。

中心思想：本诗通过描写安史之乱中长安的荒凉景象，抒发了诗人忧国思家的感情，反映了诗人渴望安宁、向往幸福的愿望。

2 构图

理清诗词的段落、结构或写作顺序，由粗到细，由大到小梳理诗词，回想内容。

3 勾形

刻画每一句的形状。

第七章　语文学科实操记忆讲解

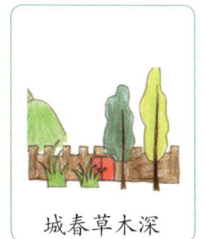

国破山河在　　城春草木深　　感时花溅泪 　　恨别鸟惊心

烽火连三月　　家书抵万金　　白头搔更短　　浑欲不胜簪

4 上调子

给具体的形状添加信息点或添加分析图。

感时花溅泪 　　恨别鸟惊心 　　烽火连三月

《春望》

整体图

123

5 整体调节

排除法：找出记忆的重点。

感时花溅泪：溅泪联想成飞溅起来的泪水

"溅"：谐音为"剪"，联想成用剪刀剪泪水

恨别鸟惊心："惊"谐音成"金"，联想成鸟有颗金色的心

浑欲不胜簪：浑欲是简直将要的意思，将"浑欲"谐音成"昏鱼"，联想成昏了不清醒的鱼

在掌握了基本的古诗词绘画方法后，让我们再来看一个案例吧！

范例 2

《凉州词》

唐·王翰

葡萄美酒夜光杯，欲饮琵琶马上催。
醉卧沙场君莫笑，古来征战几人回？

译文：美酒倒满了华贵的酒杯，我正要畅饮的时候，忽然，琵琶声从马上传来，仿佛在催促我快点上前作战。我在沙场上醉倒了请你不要笑，因为从古至今，前往战场的人中有几个人能平安归来？

分析：这首诗只有4句话，比较短，而且每一句的文字比较好出图，所以可以每一句出一个图。

第七章　语文学科实操记忆讲解

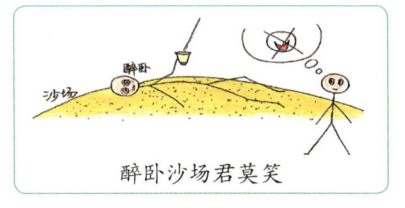

葡萄美酒夜光杯

欲饮琵琶马上催

醉卧沙场君莫笑

古来征战几人回

《凉州词》整体图

注意：运用绘图记忆法的时候一定要把自己记忆时不容易回忆的字词重点出图，在进行绘图记忆的时候由于时间紧迫可以不上色，但上色后从感官上会更加容易记忆、保存，根据个人情况制定即可。

绘图记忆不难，一般情况下训练绘制 10 首古诗词就会完全掌握要领，在我们的微信公众平台输入"100 天古诗词"就可以查看"菲常记忆家族"的伙伴们绘制的古诗词，看一遍就可以记住古诗词，轻松有趣，赶快扫码关注吧！

"菲常记忆家族"
微信公众平台二维码

125

第三节　用记忆宫殿法速记《满江红》

记忆宫殿法一般用于记忆较长的古诗词，如《长恨歌》《离骚》等，或者是一些段落较长不易记忆的文言文，如《滕王阁序》《劝学》，或国学经典《三字经》《弟子规》《道德经》等都可运用记忆宫殿的方法记忆。

范例：

《满江红》

南宋·岳飞

怒发冲冠，凭阑处，潇潇雨歇。
抬望眼，仰天长啸，壮怀激烈。
三十功名尘与土，八千里路云和月。
莫等闲，白了少年头，空悲切！
靖康耻，犹未雪；臣子恨，何时灭？
驾长车，踏破贺兰山缺。
壮志饥餐胡虏肉，笑谈渴饮匈奴血。
待从头，收拾旧山河，朝天阙。

分析：超过 7 句以上，所以选用记忆宫殿的方法进行记忆。

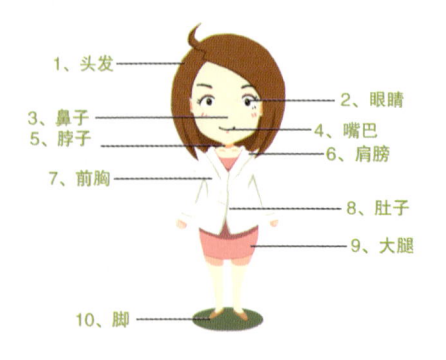

1、头发
2、眼睛
3、鼻子
4、嘴巴
5、脖子
6、肩膀
7、前胸
8、肚子
9、大腿
10、脚

记忆方法：身体记忆宫殿。

记忆步骤：①通读、理解；②找关键词（参照关键词的找法）；③关键词出图；④关键词与地点桩连接；⑤通过地点桩回忆关键词；⑥通过关键词反复修正全文；⑦全文记忆。

第七章　语文学科实操记忆讲解

1 怒发冲冠，凭阑处，潇潇雨歇：头发

很生气，头发就竖起来了，就是怒发

2 抬望眼、仰天长啸，壮怀激烈：眼睛

抬眼向上看，仰天哈哈大笑，不小心撞到别人的怀里，场面相当激烈

3 三十功名尘与土，八千里路云和月：鼻子

鼻子有八千里长，三十个工人在上面跑步，扬起了尘和土，他们一边跑一边看天上的云和月

4 莫等闲，白了少年头，空悲切：嘴巴

嘴巴不停地说话，说得头发都白了

5 靖康耻，犹未雪：脖子

郭靖刺破了杨康脖子，居然没有流血

6 臣子恨，何时灭：肩膀

肩膀上面有一个大大的橙子（臣子），想什么时候吃了它呢

7 驾长车，踏破贺兰山缺：前胸

前胸驾着长车，不小心把贺兰山撞了一个缺口

8 壮志饥餐胡虏肉，笑谈渴饮匈奴血：肚子

壮士肚子饿了要吃葫芦娃的肉，渴了要喝匈奴的血

9 待从头，收拾旧山河：大腿

把头放在袋子里面绑在大腿上，去收拾旧山河

10 朝天阙：脚

脚朝着天上踢了一脚

最后的效果图

127

最强大脑之忆菲冲天

背诵古诗词时经常会有人说上一句让你对下一句，这样基本没有什么问题，但是说下一句让你对上一句就有一定的难度了，不过现在运用了记忆宫殿的方法是不是就容易了许多？尝试一下吧！可以任意抽背、点背、倒背，记忆宫殿就是这样任性！

序号	地点桩	联想
10	脚	
9	大腿	
8	肚子	
7	前胸	
6	肩膀	
5	脖子	
4	嘴巴	
3	鼻子	
2	眼睛	
1	头发	

《离骚》太难了，可以微信扫描二维码直接观看运用身体定位桩+绘图法记忆《离骚》，既任性，又轻松。

扫描二维码，回复关键字"离骚"可观看视频

第四节　用思维导图法速记《夜雨寄北》

思维导图法一般在记忆古诗词时作为框架整理运用，比较适合把很多长篇诗词或者文言文、国学经典的重点框架绘制出来后再进行记忆。当然也有同学喜欢运用思维导图记忆短篇诗词，还是那句话，根据自己的喜好选择适合的工具即可。

> 范例1：
>
> 《夜雨寄北》
>
> 唐·李商隐
>
> 君问归期未有期，巴山夜雨涨秋池。
> 何当共剪西窗烛，却话巴山夜雨时。

译文：你问我何时回家，我回家的日期定不下来啊！我此时唯一能告诉你的就是这正在盛满秋池的绵绵不尽的巴山夜雨了。如果有那么一天，我们一起坐在家里的西窗下共剪烛花，相互倾诉今宵巴山夜雨中的思念之情，那该多好！

分析：因为只有4小句，所以通过思维导图分成4个象限，再结合绘图的方法速记。

君问归期未有期

巴山夜雨涨秋池

何当共剪西窗烛

却话巴山夜雨时

最强大脑之忆菲冲天

绘图：向慧

有的时候这三种古诗词记忆的方法可以混合运用，根据自身的喜好以及诗词内容来定就可以了。

第五节　用绘图法速记《爱莲说》

文言文（这里以《爱莲说》为例）记忆步骤：

① 摄取信息（理解、通读）。
② 处理信息（可以通过思维导图绘制提纲，提取关键词后绘图或联想记忆）。
③ 存储信息（根据文章的长短以及自身的喜好选择绘图、记忆宫殿、思维导图或者综合记忆法记忆）。
④ 回忆（通过关键词提取文章信息，把记不住的地方重新梳理，回忆路径）。
⑤ 反复修正复习（要勤复习，不然即便记得快，不复习也会忘记）。

1　整体观察

浏览、诵读，整体感受文章描绘的意境及表达的大意。

范例：

《爱莲说》

作者：周敦颐

水陆草木之花，可爱者甚蕃。晋陶渊明独爱菊。自李唐来，世人盛爱牡丹。予独爱莲之出淤泥而不染，濯清涟而不妖，中通外直，不蔓不枝，香远益清，亭亭净植，可远观而不可亵玩焉。(盛爱 又作：甚爱)

予谓菊，花之隐逸者也；牡丹，花之富贵者也；莲，花之君子者也。噫！菊之爱，陶后鲜有闻。莲之爱，同予者何人？牡丹之爱，宜乎众矣！

译文： 水上、陆地上各种草本木本的花，值得喜爱的非常多。晋代的陶渊明唯独喜爱菊花。从李氏唐朝以来，世人大多喜爱牡丹。我唯独喜爱莲花从积存的淤泥中长出却不被污染，经过清水的洗涤却不显得妖艳。(它的茎)中间贯通外形挺直，不牵牵连连也不枝枝节节，香气传播更加清香，笔直洁净地竖立在水中。(人们)可以远远地观赏(莲)，而不可轻易地玩弄它。

我认为菊花，是花中的隐士；牡丹，是花中的富贵者；莲花，是花中(品德高尚)的君子。啊！(对于)菊花的喜爱，陶渊明以后就很少听到了。(对于)莲花的喜爱，像我一样的人还有谁呢？(对于)牡丹的喜爱，人数当然就很多了！

2 构图

理清文言文的段落、结构或写作顺序，由粗到细，由大到小梳理内容。

最强大脑之忆菲冲天

3 勾形

刻画每一句的形状。

水陆草木之花，可爱者甚蕃

晋陶渊明独爱菊

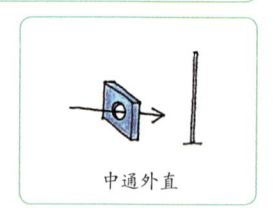

自李唐来，世人盛爱牡丹

予独爱莲之出淤泥而不染

濯清涟而不妖

中通外直

不蔓不枝

香远益清

亭亭净植

可远观而不可亵玩焉

第七章 语文学科实操记忆讲解

予谓菊，花之隐逸者也

牡丹，花之富贵者也

莲，花之君子者也

噫！菊之爱，陶后鲜有闻

莲之爱，同予者何人

牡丹之爱，宜乎众矣

4 上调子

由平面到立体、由粗犷到细致，分明暗，丰富五大调子，细致刻画，给具体的形状添加信息点或添加分析图。

5 整体调节

排除法：找出记忆的重点。注意，记忆重点并不一定是整篇文章的重点，而是某个细节不容易记住或是容易混淆，这时就应该将这个细节凸显出来，重点描绘。

第六节 用记忆宫殿法速记《弟子规》

范例：《弟子规》

《弟子规》简介：《弟子规》，原名《训蒙文》，据国学学者王俊闳考证，

133

最强大脑之忆菲冲天

为清朝康熙年间秀才李毓秀所作。其内容采用《论语》"学而篇"第六条的文义，列述弟子在家、出外、待人、接物与学习上应该恪守的守则规范。后经清朝贾存仁修订改编，并改名为《弟子规》。其中记录了孔子的108项言行，共有360句、1080个字，三字一句，两句或四句连意，合辙押韵，朗朗上口；全篇先为"总叙"，然后分为"入则孝、出则悌、谨、信、泛爱众、亲仁、余力学文"七个部分。《弟子规》根据《论语》等经典，集孔孟等圣贤的道德教育之大成，提传统道德教育著作之纲领。

根据自己记忆目的的不同选取不同的记忆方法，像3~8岁的小孩子建议选择诵读记忆的方法，因为本身这个年龄段的孩子记忆能力就超强，而且诵读比较适合低龄段的孩子。

对于高龄段的孩子或者成年人来说，只要掌握了正确的方法，5个小时就可以把弟子规全部记下来，这就是学习记忆法的好处，而且通过正确的复习，还可以做到正背、倒背如流，接下来，我就与大家分享一下速记《弟子规》的方法。

记忆方法：数字记忆宫殿 + 联想记忆。

记忆步骤：① 利用思维导图整理框架。

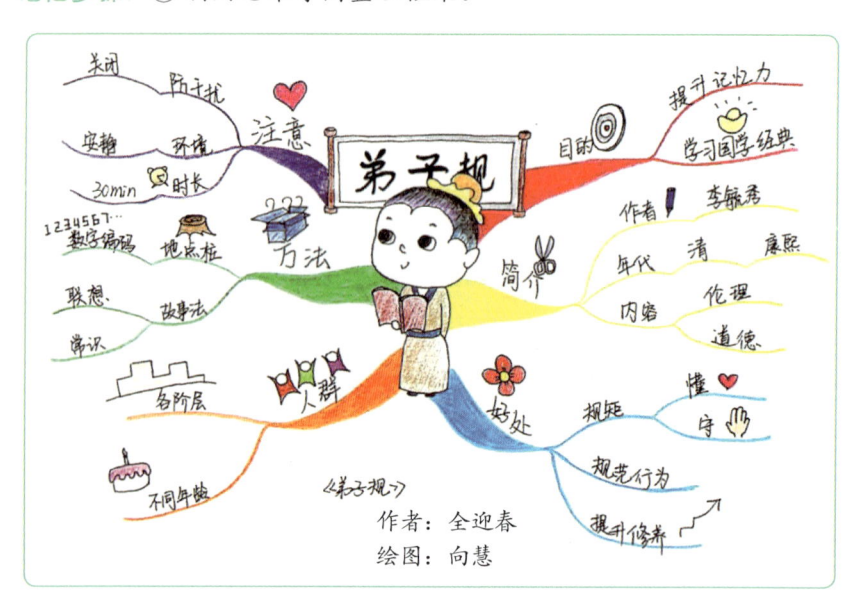

《弟子规》
作者：全迎春
绘图：向慧

第七章 语文学科实操记忆讲解

② 找关键词后出图，把图片与数字记忆宫殿联想记忆。

序号	编码	地点	记忆内容	联想
1	小树	①树根	弟子规，圣人训	圣人在树下给弟子们讲规矩训话
		②树干	首孝悌，次谨信	树干上有一个笑脸，因为收到了一封信
		③树叶	泛爱众，而亲仁	树叶上有一碗大米饭，很多人一起吃饭很亲近
		④树顶	有余力，则学文	树顶有一条很有力量的鱼不停游泳，而且还爱学习语文
2	鹅	①嘴巴	父母呼，应勿缓	鹅不停地呼叫它的孩子们，孩子们听到后刻不容缓地游了过来
		②脖子	父母命，行勿懒	捏住脖子差一点就一命呜呼，所以不能懒惰啊
		③鹅掌	父母教，须敬听	一个鹅掌指着她的孩子，教孩子要尊敬父母听话
		④翅膀	父母责，须顺承	鹅妈妈的翅膀折断了，需要捋顺一下
3	猪八戒	①耳朵	冬则温，夏则清	冬天猪八戒朵戴着耳包很温暖，而且戴上后很清静
		②眼睛	晨则省，昏则定	清晨猪八戒醒来后睁一只眼睛，昏昏沉沉的入定了
		③肚子	出必告，反必面	肚子叫了，在告知自己饿了，结果就吃了一碗面
		④钉耙	居有常，业无变	拿一把锯锯断了长钉耙，然后就失业了

01 小树　　02 鹅　　03 耳朵

注意：可以根据自己的联想进行记忆。

135

最强大脑之忆菲冲天

《道德经》《大学》《论语》《中庸》等国学经典，均可以运用记忆宫殿的方法记忆，而且可以达到快速记忆并且终身不忘的效果，很多家人也都通过这种方法记忆了许多国学经典，你还在等什么，赶快行动吧！

第七节　用记忆宫殿法速记《桂林山水》

范例1：

《桂林山水》

人们都说："桂林山水甲天下。"我们乘着木船荡漾在漓江上，来观赏桂林的山水。

我看见过波澜壮阔的大海，玩赏过水平如镜的西湖，却从没看见过漓江这样的水。漓江的水真静啊，静得让你感觉不到它在流动；漓江的水真清啊，清得可以看见江底的沙石；漓江的水真绿啊，绿得仿佛那是一块无瑕的翡翠。船桨激起的微波扩散出一道道水纹，才让你感觉到船在前进，岸在后移。

记忆方法：记忆宫殿法（教室记忆宫殿）。

记忆步骤：① 找关键词；② 关键词与记忆宫殿连接记忆；③ 对照修正，还原原文。

第七章　语文学科实操记忆讲解

1. 门：甲天下
一只甲鱼猛地撞在了门上

2. 黑板：乘船观赏
黑板上画着一艘大船，在船上看风景

3. 投影仪：大海
投影仪幕布演绎着波涛汹涌的大海

4. 讲桌：西湖
许仙和白娘子在授课

5. 电脑：漓江
一只大鸭梨放在电脑的上面，还湿漉漉的

6. 空调：静目流动
空调在静静的流动着暖风

7. 饮水机：沙石
饮水机里面有很多的沙石，但水依然很清澈

8. 窗户：翡翠
窗户被翡翠镯子砸破了

9. 椅子：船桨
坐在椅子上划船

10. 讲桌：前进后移
课桌被摇晃地前进后移

最后的效果图

注：关键词一般优先选择名词、动词、副词、形容词，一句话找1~2个就可以了，不要多。

137

最强大脑之忆菲冲天

"菲常"解答

1. 什么样的诗词运用绘图、记忆宫殿、思维导图方法，是否固定？

答：一般情况下绘图适合短篇诗词，和记忆宫殿配合运用时，主要是把关键词绘制简图与记忆宫殿连接；记忆宫殿法一般适合记忆长篇诗词或者整本书籍记忆；思维导图适合归纳、梳理文章框架，便于预习、复习。

2. 如果确定在运用记忆宫殿的方法记忆诗词文章时，用哪种记忆宫殿最好？

答：记忆宫殿的优势是记忆很快，如果你需要短时间快速记下来的话比较适合使用这个方法，也比较适合考前速记。至于用什么记忆宫殿，就看个人喜好啦。

3. 古诗词很多，记忆宫殿不够用怎么办？

答：不是所有古诗词都用记忆宫殿法，不够用继续找记忆宫殿即可。

4. 运用绘图记忆法比较麻烦，还要上色，绘图后有时还会忘记怎么办？

答：记忆的时候一定要遵循灵活的原则，所以如果时间紧迫就不用上色。绘图后会忘记一般是因为出现了几点失误：首先是绘图的时候没有遵循绘图原则，信息没有处理好，肯定记不住了；其次是图文没有很好结合，如果绘画功底不够，又没有文字的辅助，你会发现过几天再看自己绘制的简图都不知道是什么；最后就是没有整理成册，有些人在绘图的时候就用一张废纸绘图，不能保存下来，所以最好是专门的绘图本子进行绘制，这样便于保存。

其实记忆存在问题有时候是好事，问题的发生一定有原因，尝试自己找到原因所在，不要遇到问题就问"why"，而是尝试在遇到问题的第一时间说"how"，自己应该如何解决，这样自己才能成长。

小结

一定要熟练掌握四大记忆方法、思维导图运用原理以及使用方法，万丈高楼平地起，千里之行始于足下，基础的内功心法很重要。开始运用的时候可能会看到知识信息不知道运用什么方法，没有关系，可以多尝试，选择自己擅长的方法记忆即可，训练多了自然就会了。注意，开始实操的时候可以选择知识信息不是很多的内容进行训练，如果想要训练记忆一整本书籍的话，最好选择《弟子规》《三字经》一类的书籍进行记忆训练，深入浅出，由简到难的学习才能获得最好的效果。

记忆测评7

请绘制下面的诗句：

日月之行，若出其中；星汉灿烂，若出其里。　　——曹操《观沧海》

大漠孤烟直，长河落日圆。　　——王维《使至塞上》

月黑雁飞高，单于夜遁逃。欲将轻骑逐，大雪满弓刀。

——卢纶《塞下曲》

注：在"菲常记忆家族"微信公众平台分别输入《观沧海》《使至塞上》《塞下曲》就可以查看小伙伴们的绘制图片。

思维风暴

火柴花园

这里有一个由20根火柴摆成的花园，花园中心有一口井（小正方形）。请用18根火柴将花园分成6个部分，并且形状与面积均相等。

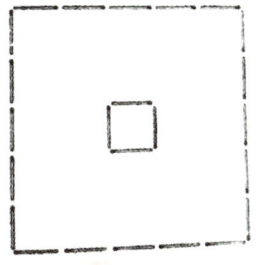

第六章答案：

这4张正面朝下的扑克牌从左到右依次是红桃K、方块J、黑桃Q、梅花A。

第八章

职场脸盲怎么破

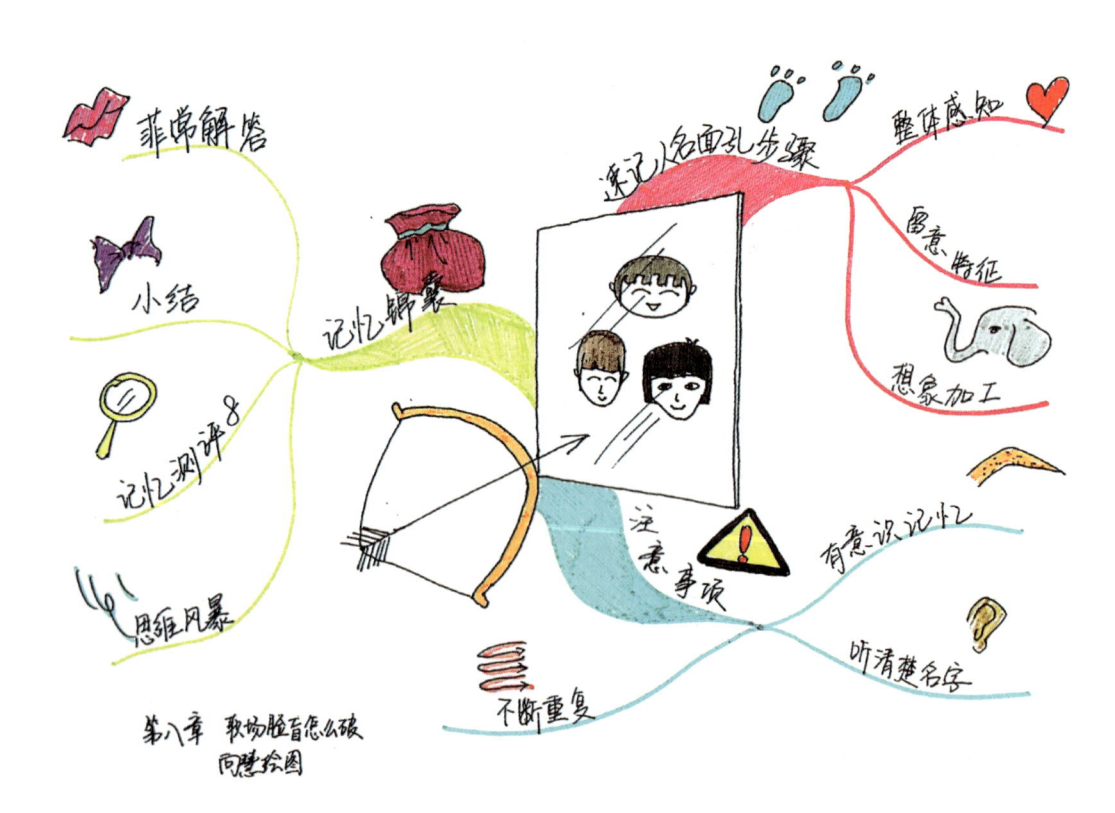

第八章　职场脸盲怎么破

以下场景你遇到过吗？好难过呀！

> 课外学习充电，新结识了许多朋友，中午聚餐时一一交换了名片，做了自我介绍，转身的功夫发现一个没对上，都忘了，这可怎么办？

> 跑了一天的业务，收集了这么多名片，可是对不上号，啊！！！想哭呀！

遗忘

偶然在路上遇到一位似曾相识的面孔，却很难立即在大脑中找到他们的名字，这是因为人脑的记忆原理不同，对记的能力是百分之百，但是忆的能力却产生了差别。

回顾一下我们是如何回忆起一个人的名字的：第一时间说出下面图片的人物名称。

你可能还没有完全看清楚就会脱口而出：第一个是张学友，然后是周润发，最后是蔡依林。你有没有发现，漫画人物的最大特点在于画家能够第一时间捕捉到人物的特点，加以放大并描绘出来，第一直觉是"画得太像了"。反之，如果不能在第一时间看出是谁的话，肯定是特征不够突出，当然还有一种情况：根本不认识，什么特征对我都没有用，哈哈！

那如果我们对名字不是很熟悉的情况下，回忆路径是什么样的呢？比如我们在路上看到一个似曾相识的人，就是回忆不起他叫什么名字，那么你就会拼命回想，在哪里见过？长得像谁？聊过什么话题等等。你会通过一系列的信息点帮助自己搜寻对方的名字，那么这个回忆线索就尤为重要了。接下来就让我们系统地了解如何快速记忆人名、面孔的方法和技巧吧！

141

第一节 速记人名面孔步骤

一 整体感知

第一印象往往都是最深刻的,所以在初次见面的时候可以观察一下对方给你的整体感觉,人脑喜欢划分已知的事物,所以可以观察一下对方的长相是否似曾相识,可以在后面记忆的时候与熟悉的人进行联想记忆,这就是我们前面说的以熟记新。

二 留意特征

目的:创建图片回忆线索;当回忆人名的时候,可以根据寻找到的特征第一时间还原姓名。

三 姓名与面孔线索想象加工

这个环节很重要,需要先把姓名转换成图片,再与刚才找到的特征线索进行配对连接,所以你必须先掌握常用姓氏编码表,把常用的姓氏转化出图后再与线索连接记忆。

扫描二维码,回复关键字"速记人名面孔"可观看视频

第八章 职场脸盲怎么破

常见中国姓氏编码（部分）

姓氏	联想	图片	姓氏	联想	图片
白	白菜		毕	匕首	
常	肠子	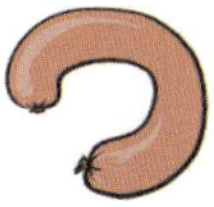	陈	陈醋	
邓	灯泡		丁	钉子	
冯	缝纫机		付	斧头	

想成为职场社交达人吗？那赶快来尝试一下吧！

范例：记忆下面对应面孔的人名。

| 徐忠华 |  黄泽华 |  陈立霖 |  林雨晴 |  刘玫 |

记忆方法：拍照联想方法（因为头像对应人名是唯一的信息，只有一个固定答案的信息可运用拍照联想的方法）。

记忆步骤：① 观察人物面孔找到关键的特征；② 对人名进行处理，转换成清晰具体的画面；③ 把处理好的面孔和名字做联想记忆，遵循联想的原则。

143

最强大脑之忆菲冲天

联想记忆:

徐忠华
联想:"忠华"想成华表,"徐"想成徐徐升起,在中华华表前徐徐升起的国旗

黄泽华
联想:把一朵黄色的花折(泽)断了

陈立霖
联想:把陈醋倒在一个竖立的林子里面

林雨晴
联想:林子里下起了雨,但雨后一定会天晴

刘玫
联想:用溜溜球打玫瑰花,把玫瑰花花瓣全部打下来了

★ 回忆一下

_____ _____ _____ _____ _____

144

第二节 速记人名面孔注意事项

一 有意识的记忆

相信自己一定可以记住对方的名字，自信很重要，要养成有意识记忆的习惯。

二 听清楚对方的名字

在对方说自己名字的时候，就要有意识的重复一遍，可以默念姓名，如果听不清楚，一定要再次询问，最好问每个字的含义，这样便于姓名出图，同时也加深印象。

三 交谈过程中不断重复对方的名字

这里指的不是三句话不离对方名字，而是在恰当的时候带出对方的姓氏或者名字，这样反复2～3次的目的就是创建记忆的线索连接，下次回忆的时候可以通过场景回忆起来，同时声音也刺激大脑神经，可以帮助你进一步牢记对方面孔。

有的时候你认为自己记住了，但是你的大脑却没有留下这段信息的痕迹，所以一定要为记忆信息加深回忆痕迹，这样才能在后期回忆的时候通过痕迹回想起文字信息。

最强大脑之忆菲冲天

"菲常"解答

1. 长得太像，像双胞胎，根本没办法区分怎么办？

答：像这样的情况非常普遍，首先要清楚，即使再相似的两个面孔或者物品都有区别，只不过是区别大小而已，要学会细微观察，这点有些类似于玩找茬游戏，学会观察，找到不同点，通过不同点与环境背景以及姓名进行联想记忆即可，平时要多训练，在训练的时候就会发现自己的问题在哪里了。

2. 找到特点后，在回忆姓名的时候发现，人物特点、初次见面的背景都清楚记得，但就是想不起来叫什么名字了。

答：回忆不起来一定是在记的时候出现了问题，可以通过几个方面查找问题：①姓名没有出图；②姓名没有与特点进行有效连接（具体连接可以参照第一章）；③没有复习。

小结

人名面孔的重点就在于姓和名都要出图，然后找到面孔的特征，最后进行联想，所以一定要学会找特征，再相似的两个人，都有不同点，这个内容非常训练你的观察力，我在《最强大脑》中可以记忆7000多个碎片，也是因为我可以快速找到每个碎片的不同点，然后进行记忆，所以，想要成为职场记忆达人，首先就要掌握人名面孔速记的方法原理，同时一定要熟记百家姓氏的编码，不需要全部记忆，记忆一些常用的即可，当你拥有好的联想能力后，就可以迅速出图了。要多训练复习，相信未来你就是职场社交能手啦！

记忆测评8

1. 尝试在1分钟内记忆下面的人名面孔。这题在第一章已经出现过，测试一下自己是否进步吧！

第八章 职场脸盲怎么破

| 贝丝 | 周涵 | 亚特伍德 | 奥格斯格 | 李明汉 |

| 布朗 | 罗德里格斯 | 克劳迪娅 | 弗雷德里卡 | 泰勒 |

2. 下图中的问号部分应该填入什么字母？

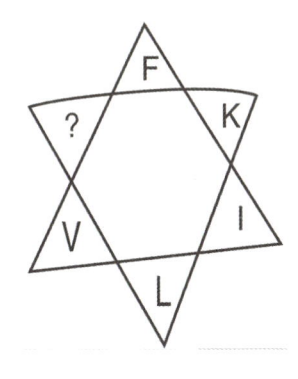

第七章第答案：

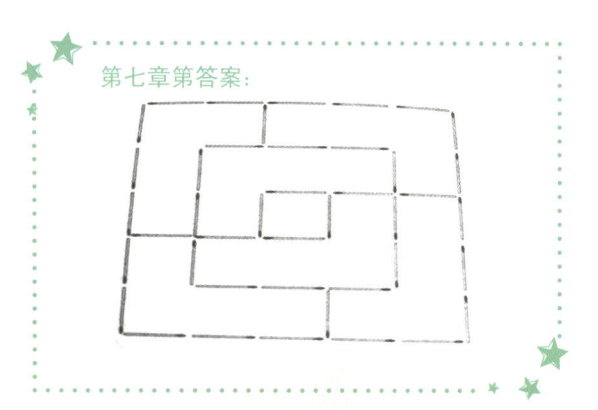

第八章答案：
R。每个字母代表其在字母表中的序列数，乘以 2 所得的积填入所对应的三角中。
1(9)*2 = 18(R)。

附录:"菲常记忆"数字编码表

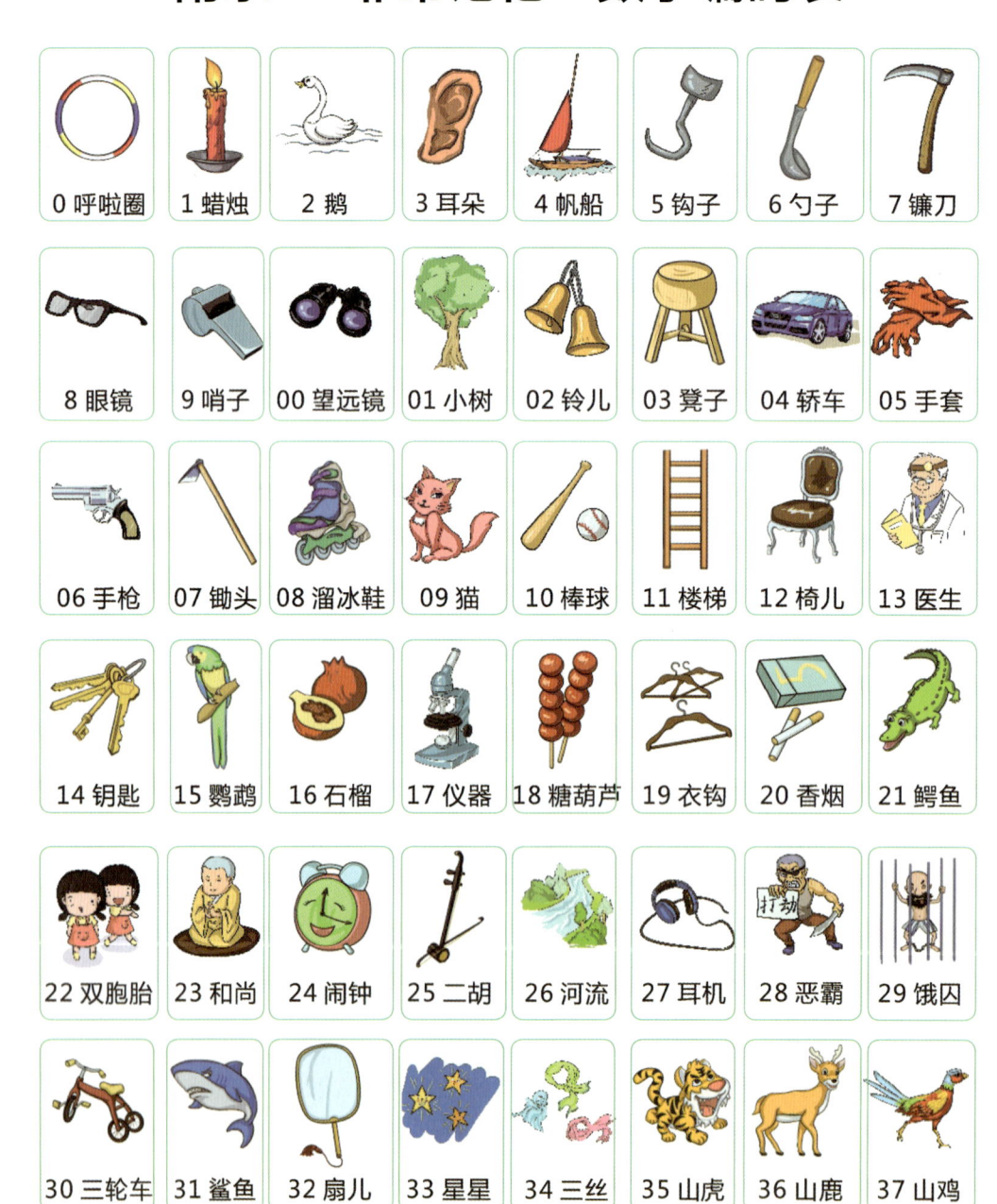

编码	图像
0 呼啦圈	1 蜡烛	2 鹅	3 耳朵	4 帆船	5 钩子	6 勺子	7 镰刀
8 眼镜	9 哨子	00 望远镜	01 小树	02 铃儿	03 凳子	04 轿车	05 手套
06 手枪	07 锄头	08 溜冰鞋	09 猫	10 棒球	11 楼梯	12 椅儿	13 医生
14 钥匙	15 鹦鹉	16 石榴	17 仪器	18 糖葫芦	19 衣钩	20 香烟	21 鳄鱼
22 双胞胎	23 和尚	24 闹钟	25 二胡	26 河流	27 耳机	28 恶霸	29 饿囚
30 三轮车	31 鲨鱼	32 扇儿	33 星星	34 三丝	35 山虎	36 山鹿	37 山鸡
38 妇女	39 山丘	40 司令	41 蜥蜴	42 柿儿	43 石山	44 蛇	45 师父

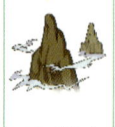

46 饲料	47 司机	48 石板	49 湿狗	50 武林	51 工人	52 鼓儿	53 乌纱帽
54 青年	55 火车	56 蜗牛	57 武器	58 尾巴	59 蜈蚣	60 榴莲	61 儿童
62 牛儿	63 流沙	64 螺丝	65 绿壶	66 溜溜球	67 绿漆	68 喇叭	69 太极
70 麒麟	71 鸡翅	72 企鹅	73 花旗参	74 骑士	75 西服	76 汽油	77 机器
78 青蛙	79 气球	80 巴黎	81 白蚁	82 靶儿	83 芭蕉扇	84 巴士	85 保姆
86 八路	87 白旗	88 爸爸	89 芭蕉	90 酒瓶	91 球衣	92 球儿	93 旧伞
94 首饰	95 酒壶	96 蝴蝶	97 旧旗	98 酒杯	99 舅舅		

后记

如果大家已经看到这里，说明你已看完了整本书！

首先，我要恭喜大家，完成了记忆法的初步学习，但是大家还没有"毕业"，因为本书仅仅是一个开始，后续还需要你将记忆法应用在日常的生活、学习、工作中。

其次，我要感谢大家，因为说实话，我并不是一位专业的书籍撰写者，唯恐出版后不能满足所有人的需求，包括在撰写序言时，我甚至在想是否需要阐述大脑神奇的构造等理论知识，但是这并不是我非常想告诉大家的，唯有一句：如果你想改变，就必须付出努力，在努力的同时还要找对方法，并且坚持，唯有这样才有机会成功！今天这本书可以面世，需要感谢一直以来支持我的"菲常记忆家族"的小伙伴们，是你们的成长与进步让我有信心把多年实践所得分享给更多的人；感谢与我荣辱与共的战友，是你们的不离不弃让我感受到团队的力量，也让我清楚现在所做的一切是如此有意义；感谢我的家人，这些年没有太多时间陪伴你们，实感抱歉；还要感谢每一位为此书推荐的友人，是你们的信任让我前行的脚步更加坚定。最后在这里要特别感谢张博涵学员的妈妈蔡艳，她一直陪伴孩子学习记忆法并一同训练，让我非常感动，她想代表天下的妈妈对孩子们说：

祝愿孩子们能够健康、快乐成长，正所谓"非淡泊无以明志，非宁静无以致远"，活出自己的精彩就好！

最后，请允许我向大家介绍一下我的公司，2016年我第四次创业成立了"北京华忆云教育科技有限公司"，"菲常记忆"品牌也并入"华忆云"旗下，我想告诉全中国的孩子：学习是有方法的，记忆会让学习变得更简单。凭借着我对记忆行业现状及互联网＋教育的了解，将公司产品进行了精准定位：记忆法让一切变得更有价值，通过线下拓展加盟渠道，为中国14万大中小型教育机构提供产品植入和师资能力培训，解决B端能力不对称的问题和招生引流痛点，后期我还会推出一系列记忆书籍，以便帮助大家进行有针对性地训练，赶快加入"菲常记忆家族"吧，让你的大脑开始一场全新的旅程！

项目加盟、商务合作、课程咨询请联系王老师：
13582902319、13313055258、027-85658808

扫描二维码单击"马上学习"